Introduction à la nouvelle bactériologie

Introduction à la nouvelle bactériologie

Sorin Sonea

Professeur titulaire
Département de microbiologie
et d'immunologie
Faculté de médecine
Université de Montréal

Maurice Panisset

Professeur titulaire émérite
Département de pathologie
et de microbiologie
Faculté de médecine vétérinaire
Université de Montréal

1980
Les Presses de l'Université de Montréal
C.P. 6128, succ. «A», Montréal, Qué., Canada H3C 3J7

Masson
120, boul. Saint-Germain, 75280 Paris, Cedex 06

PUM : ISBN 2-7606-0502-7
MASSON : ISBN 2-225-67980-0

DÉPÔT LÉGAL, 3e TRIMESTRE 1980
BIBLIOTHÈQUE NATIONALE DU QUÉBEC

Avant-propos

Nous avons exposé récemment notre conception d'un monde bactérien éminemment unitaire et les bases d'une nouvelle bactériologie (Rev. Can. Biol. 30 : 239-244, 1971 ; 35 : 103-167, 1976). Cette conception s'est peu à peu imposée à nous au cours d'une vingtaine d'années de travaux expérimentaux et d'enseignement. Elle remet en question des interprétations traditionnelles, familières que véhiculent la plupart des traités actuels de bactériologie. Ces derniers présentent les bactéries comme les membres de nombreuses espèces distinctes et très primitives. Dans ces traités subsistent des chapitres d'un conservatisme évident dont les données contredisent souvent les acquisitions récentes de la bactériologie. Le lecteur est littéralement dérouté par ce manque de cohérence.

Nous croyons que toute étude actuelle du monde bactérien doit, dès l'abord, tenir compte de l'originalité très marquée de ses caractères qui ont été révélés au cours des trente dernières années. Il devient ainsi évident que les bactéries, en plus de leurs actions autonomes et de celles qu'elles effectuent en équipes, réalisent ensemble une entité globale, planétaire, un véritable superorganisme, autant sur le plan génétique que fonctionnel. Nous n'avons pas hésité à qualifier de « respectables » ces êtres considérés, auparavant, comme rudimentaires et primitifs. Les publications que nous avons consacrées à l'exposé de notre conception unitaire du monde bactérien ont été accueillies favorablement, d'une façon générale, et avec enthousiasme par certains biologistes. Elles n'ont rencontré aucune opposition de la part de bactériologistes de la « stricte observance » des traditions.

Il nous semble donc désirable d'offrir à ceux qui abordent l'étude des microorganismes, un manuel d'introduction à cette « nouvelle bactériologie » qui découle des récentes acquisitions scientifiques. À l'Université de Montréal, dans notre enseignement aux étudiants de la faculté de médecine, des autres facultés de la santé et de la faculté des sciences, nous avons introduit, depuis quelques années, ce nouveau concept. L'enseignement de cette bactériologie renouvelée a été accepté facilement par les étudiants, parce que, sur cette base logique, les notions ultérieures peuvent trouver place très naturellement pour constituer un ensemble cohérent.

Cet enseignement de base établit de grandes lignes logiques pour une véritable *science des bactéries*. À titre d'introduction, nous considérons qu'il faut donner une priorité à ce qui est typiquement bactériologique. Il reste valable, même si l'information scientifique ultérieure d'un niveau plus élevé et spécialisé, provient de publications rédigées par des auteurs qui partent de prémisses différentes et qui pourront toujours compléter ces notions de base. Dans notre enseignement et dans ce livre, les bactéries sont envisagées en tant que principal sujet d'étude. Elles constituent, par leur ensemble, une entité biologique solidaire, unifiée par une organisation et des fonctions de niveau supérieur. Nous avons voulu souligner que l'originalité de ce monde bactérien tient à celle des solutions, sans équivalent chez les eucaryotes, qu'il a trouvées pour résoudre les grands problèmes de la vie. Nous estimons que toute introduction à la bactériologie doit souligner ce qui distingue les bactéries de tous les autres êtres vivants en laissant à des ouvrages spécifiques l'exposé de certains aspects des bactéries.

Cette entreprise nécessaire de restructuration radicale d'un important chapitre de la biologie risque de présenter des imperfections, voire des faiblesses. Nous espérons recevoir critiques et suggestions des lecteurs et utilisateurs de cette première édition d'un instrument pédagogique qui constitue également un manifeste.

S.S. et M.P.

Les bactéries : définition leur place dans le monde vivant

I

Les bactéries sont des êtres *procaryotes*. Il s'agit d'un grand groupe de microorganismes que leur structure générale et leurs fonctions distinguent de tous les autres êtres vivants.

L'humanité n'avait aucune notion de leur existence avant que la découverte des premiers microscopes en révèle la présence. Même aujourd'hui leur perception échappe à nos sens. Elles demeurent, pour la plupart des hommes, ces « êtres de raison » dont parlait Pasteur. Cellules isolées, en général, ne pouvant pas former de tissus ou d'organes, elles n'en constituent pas moins un ensemble biologique capable de solidarité, unifié par certaines fonctions communes, un véritable superorganisme étendu à toute notre planète. Son existence date d'environ trois milliards d'années. Cette organisation globale et ses fonctions d'ensemble sont basées sur des mécanismes qui ne rappellent en rien ceux des organismes supérieurs eucaryotes. En effet, les cellules eucaryotes d'un animal supérieur sont reliées les unes aux autres, en particulier par le système nerveux et le système endocrinien.

Un superorganisme étendu à toute la terre, vieux d'environ trois milliards d'années

Les bactéries sont reliées les unes aux autres par des échanges de molécules d'information et de communication. Il s'agit surtout de gènes, molécules contenant l'information d'un trait héréditaire. Chez les bactéries, ils participent à des fonctions supérieures générales en plus de leur rôle habituel dans l'hérédité. La solidarité de toutes les bactéries, facteur essentiel de leurs fonctions supérieures, est due à la disponibilité des gènes de toutes les autres bactéries. De ce fait, leurs cellules isolées agissent parfois comme si elles étaient reliées à une sorte de cerveau commun, évidemment inconscient et dispersé. Tout se passe comme si elles avaient un ordinateur biologique à leur disposition.

Une évolution non darwinienne, réversible si nécessaire, due également à la solidarité génétique des bactéries, leur a conféré une continuité exceptionnelle, depuis leurs très lointaines origines qui se situent aux tout premiers débuts de l'apparition de la vie sur la Terre.

Diversification sans
constitution d'espèces.
Un clone de type
supérieur?

Cette continuité a cependant permis, en même temps, une diversification croissante, sans isolement génétique, des cellules de cette entité biologique. Il n'existe pas d'espèces, au sens biologique du terme, chez les bactéries. Ceci s'oppose à la spécialisation des eucaryotes, basée sur leur isolement génétique et lourde de conséquences, dont la disparition de nombreuses espèces.

En ce qui concerne la classification et l'organisation du monde bactérien, il renferme des souches douées de beaucoup d'autonomie, en perpétuelle lutte pour la survie, fondée en particulier sur une reproduction très rapide à la base d'une sélection clonale permanente. Il y a, aussi, des associations de souches réalisant de véritables symbioses. Au niveau supérieur, il existe l'ensemble solidaire de tous les procaryotes de la Terre. Nous considérons cette entité comme un clone unique de type supérieur formé de cellules possédant en commun le même génome potentiel. Elles sont très différenciées par un mécanisme propre aux procaryotes. On pourrait aussi considérer toutes les bactéries comme appartenant à une espèce car elles peuvent échanger des gènes bénéficiant ainsi d'un «pool» génétique. L'organisation de cette entité ayant mis en commun ses gènes lui confère une efficacité d'ensemble qui contraste avec des apparences de désordre et de primitivisme. Le tout forme, en fait, une société complexe de cellules dont les fonctions supérieures résultent, d'une part, de la perpétuelle lutte pour la vie au niveau de chacune de ces bactéries et, d'autre part, de leur solidarité génétique grâce à laquelle le résultat de la plupart des luttes intestines se solde par un avantage pour l'ensemble d'entre elles.

Toute cellule bactérienne héberge de deux cents à mille fois moins de gènes qu'une cellule eucaryote. Elle a, cependant, sur celle-ci l'avantage de pouvoir recourir toujours, même si elle le fait rarement, aux innombrables gènes de toutes les autres bactéries, aussi diverses soient elles. Chaque cellule procaryote pourrait, ainsi, être comparée à l'avant-garde d'une immense armée ou à l'ambassade d'un grand pays. Tout gène bactérien apportant une information temporairement favorable sera disséminé parmi de nombreuses souches et se multipliera, ainsi, de façon préférentielle. Une redistribution permanente et optimale des gènes est, de cette façon, assurée dans l'entité bactérienne planétaire. Ils apportent, ainsi, à chaque niche écologique favorable la combinaison la plus convenable d'enzymes bactériennes. Par conséquent, les bactéries contribuent toujours de la façon la plus active à la stabilisation de l'écologie. Sans la participation essentielle des bactéries, la Terre n'aurait pu et ne pourrait, aujourd'hui encore, servir de support à une énorme masse de matière vivante. Il n'y aurait pas eu de flore ni de faune, telles que nous les connaissons, sans la prodigieuse activité préalable et aujourd'hui complémentaire du monde bactérien. Des actions interdépendantes ont eu comme résultat sur toute l'étendue de la Terre, une véritable supersymbiose finale entre les eucaryotes et le monde invisible, mais essentiel, des bactéries.

Rôle écologique essentiel

Leur diversité est telle que tous les métabolismes possibles sont représentés parmi elles. Aujourd'hui leur principal rôle dans la nature est, cependant, d'assurer rapidement la décomposition de toutes les cellules mortes, qu'elles soient animales, végétales, ou même bactériennes. Les bactéries remettent, ainsi, à la disposition des végétaux, sous une forme assimilable, les substances inorganiques qui avaient été soustraites au sol par des générations antérieures d'eucaryotes. Par ces processus, le recyclage de toute la matière organique est assuré et la fertilité du sol de notre planète est perpétuée.

À l'intérieur de ce cycle, des animaux et, en particulier, les ruminants ont le pouvoir de digérer, grâce à l'action d'associations complexes des bactéries présentes dans leur tube digestif, avec d'autres microorganismes, des substances alimentaires telles que la cellulose que la plupart des animaux sont incapables de transformer et d'utiliser. Il y a, également, des bactéries photosynthétiques, des bactéries lithotrophes, etc., ainsi que des bactéries qui possèdent le pouvoir parasitaire. Avant la découverte de l'origine bactérienne des principales maladies infectieuses et de celles concernant leur prévention et leur traitement, les bactéries pathogènes étaient responsables de plus de morts chez l'homme et les animaux que toute autre cause. Grâce aux mesures efficaces prises depuis contre leur action pathogène, les bactéries constituent aujourd'hui, un matériel biologique qui se prête merveilleusement à la domestication. Ceci explique leurs applications très nombreuses, agricoles et industrielles. Elles sont devenues, en outre, le principal « animal » d'expérience pour explorer au laboratoire les nombreux mécanismes similaires communs à tous les êtres vivants.

Même les eucaryotes seraient les descendants d'une ancienne symbiose entre bactéries différentes

Il est maintenant admis de façon générale que les premières cellules nucléées (eucaryotes) proviennent d'une symbiose entre différents types de cellules bactériennes, dont les mitochondries représentent, peu modifiées, des vestiges, comme les chloroplastes chez les plantes. Malgré le caractère divergent de l'évolution qui se poursuit depuis un milliard et demi d'années, il existe encore, dans le monde des eucaryotes, de nombreux autres vestiges de leur symbiose initiale avec les bactéries. Ces vestiges et l'énorme potentiel génétique des bactéries, en particulier la souplesse des mécanismes qui assurent le transfert des gènes, nous permettent de fonder de grands espoirs sur les promesses de ce qu'on appelle le génie génétique. Il pourra, très probablement, renverser le cours de notre évolution ou, au moins, en corriger certaines manifestations et éviter ainsi l'extinction de l'humanité par une évolution irréversible défavorable.

Les grandes étapes de l'histoire de la bactériologie

II

Nécessité d'une perspective historique de la bactériologie, pour la formation d'un esprit critique : bilan et point de départ

L'histoire des sciences ne retient pas assez l'attention d'étudiants et de chercheurs trop portés à considérer « à priori » comme désuets, des travaux qui datent de dix et, même, de cinq ans. Cependant, lors de ses tout premiers contacts avec une discipline scientifique quelle qu'elle soit, tout étudiant ou chercheur rencontre des cadres, des concepts, des points de vue. Ces derniers risquent de s'imposer insidieusement à son esprit comme des vérités premières autant que définitives. Il vaut mieux connaître les hypothèses de travail, les méthodes et techniques de recherche qui avaient cours, à l'époque où s'est cristallisé un concept scientifique donné. Cette connaissance permet, seule, d'apprécier la valeur relative et les chances de survie d'une notion scientifique. Ceux qui croient pouvoir négliger cet abord historique d'un quelconque sujet d'études s'exposent à accepter comme définitives des conclusions provisoires. Ils font preuve de la passivité et du fatalisme inhérents au refus de faire un choix personnel en partant de faits. Ne pas exercer ainsi son esprit critique, équivaut à accepter sans hésiter ce qui nous vient du passé, fut-il très récent, et sans essayer de discerner le vrai, le probable, du douteux ou du faux.

L'histoire de la bactériologie est, de plus, un bilan scientifique. Toute recherche a pour but la découverte de l'inconnu et doit avoir le connu comme point de départ. Ne pas connaître l'évolution historique de l'ensemble d'une science, c'est se condamner à l'ignorance de la dynamique de ses grandes orientations, de ses échecs, de ses faiblesses et de ses points forts.

La bactériologie moderne a beaucoup souffert d'une tendance anti-historique qui a régné depuis plusieurs années. Il est significatif qu'un manuel de bactériologie ait pu être édité sans que le nom de Pasteur y figure une seule fois. C'est ainsi, également, que l'importance réelle des bactéries dans la nature et dans les sciences biologiques a été acceptée très tardivement et ne l'est, encore, que partiellement.

L'histoire de la bactériologie en six épisodes

Le développement de la bactériologie peut être présenté en six phases ou épisodes, caractérisés par la technologie contemporaine particulière à chacun d'eux et des connaissances scientifiques accumulées à l'époque considérée, dans le domaine des bactéries et dans les domaines connexes.

A   Premières observations

Au cours des siècles, l'attention des observateurs a été attirée par des phénomènes que nous savons être de nature bactérienne. Ils ont ainsi accumulé une riche moisson de données empiriques. Ces phénomènes bactériens ont pu être exploités, ou au contraire, évités des milliers d'années avant la découverte des bactéries elles-mêmes, qu'il s'agisse des fermentations, de la putréfaction, ou des maladies infectieuses et contagieuses de l'homme, des animaux et des plantes. Ces observations et ces applications, tout empiriques qu'elles fussent, ont constitué la base même des premiers travaux scientifiques qui ont marqué la fondation de la bactériologie.

Il y a trois siècles, avec Van Leeuwenhoek, inventeur du premier « microscope » et découvreur des premiers animalcules, les bactéries sont, enfin, aperçues dans des échantillons de ces produits dont les transformations étaient constatées depuis toujours. Ce sera bien des années après que la présence des « animalcules » de Van Leeuwenhoek commencera à être considérée comme la cause et non pas l'effet des transformations utiles ou nuisibles, selon les cas, des substances organiques. De toute façon, c'est à Van Leeuwenhoek que doit être attribué le mérite d'avoir vu — parmi d'autres particules et cellules microscopiques — pour la première fois, des bactéries ainsi qu'en fait foi l'examen de ses dessins. Néanmoins, pendant les deux siècles suivants, les bactéries vont demeurer tout aussi inaccessibles à l'étude expérimentale que les planètes de plus en plus visibles grâce à des progrès parallèles de l'optique.

B   Premières études expérimentales

Au XIX e siècle, des chercheurs, parmi lesquels Spallan-
zani, sont parvenus à obtenir la multiplication de bactéries inconnues dans des liquides organiques. Cette culture
artificielle, méthode facile, aux résultats rapides, constitue
encore la base des études bactériologiques. C'est Pasteur
qui, après avoir découvert que certains cristaux asymé-
triques étaient le produit de l'activité d'êtres microscopiques, fit connaître une méthode vraiment scientifique de
culture des bactéries. Il réussit aussi à prouver à cette
occasion qu'il n'y avait pas de génération spontanée,
donc que toute cellule vivante provient d'une autre
cellule, vivante comme elle. Il donnait le coup de grâce
à des hypothèses anciennes, basées sur des observations
incomplètes ou erronées.

Découvertes décisives de
Pasteur: bases scientifiques
de la microbiologie et
origine microbienne des
maladies infectieuses

C   Découverte des bactéries parasites
et victoire spectaculaire sur les
maladies infectieuses. Acceptation
prématurée de la notion d'espèce
chez les bactéries

Pasteur ne devait pas tarder à apporter la preuve de
l'origine bactérienne de quelques maladies infectieuses
des animaux et de l'homme. Au cours des années suivantes, en partant des résultats de ses expériences, les
principales bactéries *pathogènes* ont été découvertes, isolées et caractérisées. Les bactéries semblaient, alors, avoir
surtout un rôle néfaste en provoquant l'altération des aliments et les maladies infectieuses, dont la fréquence était
la cause la plus importante de mortalité. Pasteur et les
autres chercheurs contemporains, ses élèves et ses émules
ont, ainsi, été amenés à orienter leurs travaux vers la
découverte de moyens de prévention et de traitement des
infections bactériennes. L'isolement des malades conta-
gieux pratiqué depuis longtemps de façon empirique,
a été préconisé de façon systématique, ainsi que l'anti-
sepsie, la préparation et l'emploi généralisé de vaccins
et de sérums. À cet ensemble vont s'ajouter, beaucoup
plus tard, les antibiotiques. L'ensemble délivre l'humanité

en bonne partie, des risques que présentaient les maladies infectieuses graves. Elles ont, ainsi, permis de doubler la moyenne de l'espérance de vie dans le monde. L'humanité a connu, de ce fait, l'explosion démographique à laquelle nous assistons depuis plusieurs années.

Une autre conséquence inattendue des progrès de la lutte contre les maladies bactériennes a été la diminution prématurée de l'intérêt des hommes de science pour les bactéries elles-mêmes, tout occupés qu'ils étaient à étudier les mécanismes de leur pathogénicité et ceux de la résistance des organismes humains et animaux aux infections. Leur intérêt s'est concentré sur la mise au point et le développement de méthodes et de techniques d'immunisation, de diagnostic et de dépistage, de façon générale, de médecine préventive. Le sort de la bactériologie aurait pu être tout autre si, après la découverte des bactéries pathogènes, Pasteur au lieu de se vouer à la virologie et à l'immunologie anti-infectieuse avait étendu ses études au rôle global des bactéries.

La singularité des bactéries et une systématique prématurée

Pasteur s'est, cependant, rendu compte de la singularité des bactéries. Il a jugé qu'il était prématuré de déterminer pour elles des niveaux d'organisation et de les intégrer dans un système plus ou moins rigide de classification. D'autres grands découvreurs de bactéries pathogènes furent moins réalistes. Ils ne furent pas longs à constituer en espèces les bactéries qui semblaient avoir le pouvoir de parasiter isolément les mêmes tissus humains, animaux ou végétaux. La multiplication rapide des bactéries, à partir d'une cellule, sur des milieux nutritifs appropriés, vint corroborer ces conclusions hâtives.

Prolifération erronée des « espèces » bactériennes et polémique du pléomorphisme et du monomorphisme

L'isolement de ces souches bactériennes de produits naturels à l'aide de techniques appropriées conduisit ces découvreurs, de plus en plus nombreux, à la conviction qu'il s'agissait bien de cette catégorie biologique définie comme une espèce par son isolement génétique. Ainsi, le nombre de ces «espèces» alla se multipliant, jusqu'à nos jours. La stabilité apparente des souches isolées ajoutaient un argument de poids aux tenants de la notion d'espèce, en ce qui concerne les bactéries, et de la fixité de leurs caractères distinctifs.

Certains bactériologistes avaient observé que des souches de bactéries pouvaient, cependant, être modifiées dans leur forme et leur activité par des changements du milieu ambiant. Ils se crurent eux aussi autorisés à donner une portée générale à leurs observations réalisées pour certaines d'entre elles avec des méthodes et des techniques déficientes. Ils allèrent jusqu'à édifier une théorie générale du «*pléomorphisme*» bactérien. Celle-ci fut, à la fin du dix-neuvième siècle le point de départ d'âpres controverses de la part des «*fixistes*» ou «*monomorphistes*». Ce conflit rappelait par l'intransigeance et, même, la violence verbale des interlocuteurs, certaines querelles historiques de théologiens. Il put être prouvé, de façon irréfutable, que certaines observations de «pléomorphisme» étaient dues à de vulgaires contaminations des cultures. Il n'était pas à l'époque techniquement possible de démontrer que d'autres observations de pléomorphisme était, peut-être, basées sur des phénomènes réels de modifications propres aux bactéries.

La théorie du pléomorphisme qui prônait, implicitement, une unité particulière du monde bactérien fut, ainsi, discréditée globalement. Ces circonstances expliquent la réserve et même l'hostilité avec lesquelles ont été accueillies, par la suite, toutes les idées rappelant même de loin, toute conception d'un monde bactérien unitaire. Il s'agissait là presque d'une hérésie. Il fallait des faits nouveaux et concluants pour remettre en question et surmonter l'anathème scientifique porté contre toute théorie évoquant même indirectement le pléomorphisme. Ces faits devaient être apportés par les acquisitions de la génétique bactérienne, mais beaucoup plus tard.

Le trop long règne
du fixisme

En les attendant, le fixisme et la notion d'espèce bactérienne ont régné de façon quasi absolue sur la bactériologie. C'est pourquoi l'avènement d'une conception unitaire et dynamique du monde bactérien a été si longuement retardé.

Les débuts de la bactériologie et de ses applications vers l'étude des microorganismes pathogènes et des moyens adéquats pour les combattre a été, comme nous l'avons vu, fortement centrée sur la hantise des infections. Par conséquent, certaines découvertes dont la portée devait se révéler, par la suite, fondamentale ont été interprétées de façon restrictive. Dès leur découverte les bactériophages (ou phages) ont été considérés comme des agents infectieux pathogènes pour les bactéries. À l'époque, toute l'attention était concentrée sur le pouvoir pathogène de celles-ci pour l'homme et les animaux. C'est pourquoi, d'Hérelle, le principal découvreur des bactériophages, a insisté sur l'étude des propriétés antibactériennes des bactériophages et leurs applications thérapeutiques qui se révélèrent, d'ailleurs, décevantes. Les phages ont été considérés par la suite exclusivement, comme des « virus » des bactéries dont la culture était beaucoup plus facile que celle des virus des êtres supérieurs. Ils ont constitué d'excellents modèles expérimentaux. Leur emploi contribua de façon significative aux progrès de la virologie en général.

L'acceptation difficile
des phages tempérés
comme agents majeurs
d'échange de gènes

Ainsi, cette orientation « infectieuse » des recherches sur la nature et les propriétés des phages ont détourné l'attention du rôle capital des phages les plus répandus, les phages tempérés. Nous les avons reconnus, tout récemment, comme de « petits chromosomes » se comportant comme des agents très importants d'échange de gènes entre les bactéries et, de ce fait même, de leurs modifications héréditaires et de leur solidarité génétique (Frappier et Sonea, 1966 ; Sonea 1971).

Ainsi que l'a montré Freeman, en 1951, c'est la présence d'un phage tempéré dans le bacille diphtérique qui l'induit à produire sa toxine responsable de la diphtérie, maladie autrefois si redoutable. Des phénomènes similaires de « conversion » ont été découverts depuis. Si cette découverte avait été effectuée plus tôt, le rôle essentiel des phages tempérés, celui d'échangeurs de gènes entre diverses souches bactériennes, aurait été accepté avec moins d'hésitations.

Hésitations au sujet de
la notion d'espèce pour
les bactéries du sol

D   Les bactéries du sol et le rôle essentiel de leurs équipes spécialisées dans l'écologie

Winogradzki et Beijerinck, pionniers de la bactério-chimie du sol et de la géochimie, ont mis en évidence les différences profondes qui existent entre les bactéries du sol et celles qui interviennent dans les infections. Dans le sol, les bactéries ne s'imposent pas comme des «espèces» mais, en règle générale, comme un mélange de groupes de bactéries dont les fonctions sont complémentaires. Il est même très difficile d'en cultiver artificiellement une souche à l'état isolé. La population bactérienne des sols est énorme et leur fertilité en dépend. Un rôle important des bactéries est, en effet, d'assurer dans la nature le cycle de quelques éléments essentiels tels que le carbone, l'azote, etc. Pour les bactériologistes du sol, l'«espèce» de ces bactéries n'est pas très apparente et n'avait d'ailleurs aucune importance. Leurs rôles complémentaires permettaient de les considérer comme des équipes, ou des unités fonctionnelles de base. Cependant, le prestige des bactériologistes médicaux qui concentraient leur intérêt sur le groupe spectaculaire mais relativement marginal des bactéries parasites, avait imposé, de façon péremptoire, l'acceptation de l'existence et de l'importance des espèces bactériennes et de leur stabilité. Les microbiologistes du sol en sont venus à s'excuser de ne pas isoler et de ne pas caractériser, eux, des espèces bactériennes, à partir d'un matériel particulièrement riche, qui, en réalité, était beaucoup plus représentatif du monde bactérien que les souches parasites causant des infections. Parfaitement conscients du rôle d'un *ensemble bactérien* bien coordonné et efficace, du point de vue de l'écologie, les microbiologistes du sol n'ont pas osé mettre en doute le dogme des espèces isolées et «primitives». Tout s'est passé comme s'ils n'avaient pas compris que c'est la bactériologie du sol qui étudie la plus grande masse de bactéries et qui a démontré assez tôt l'existence d'une certaine organisation supérieure chez celles-ci. Ces microbiologistes n'ont donc pas suffisamment insisté sur le rôle primordial des bactéries dans leur ensemble pour le maintien de la biosphère et sur certains de leurs caractères vraiment typiques qu'ils avaient mis en évidence. L'importance de l'ensemble des bactéries a échappé, ainsi, à la majorité des biologistes. Le renouveau actuel d'intérêt pour l'écologie ne s'est pas assez étendu au monde des bactéries qui constituent cependant le centre de gravité dans les phénomènes d'épuration et de biodégradation des déchets et, en fin de compte, de celui de la fertilité de la planète.

Découvertes fondamentales concernant les bactéries; il est paradoxal qu'on néglige l'étude générale des procaryotes

E   Importantes découvertes concernant les bactéries : le règne de la biologie moléculaire

Le nom de biologie moléculaire a été donné à un ensemble assez cohérent d'idées et de travaux de recherche concernant les ultrastructures des cellules ainsi que la synthèse et le rôle de leurs macromolécules. L'époque glorieuse de la biologie moléculaire se situe surtout de 1950 à 1970. Les principaux hommes de science qui en sont responsables ont décidé de s'intéresser, exclusivement, aux molécules et aux cellules, convaincus que les autres aspects de la biologie en découleraient d'eux-mêmes. Basés sur l'usage du microscope électronique et des méthodes biochimiques et biophysiques associées à celles de la génétique bactérienne, ces travaux ont fait connaître les mécanismes de la synthèse des protéines et des acides nucléiques. Le rôle de ces derniers étant essentiel dans les mécanismes de la génétique, les progrès très rapides de cette science allaient de pair avec les autres progrès de la biologie moléculaire. Les problèmes successifs qui se posaient dans ce domaine étaient abordés, étudiés et résolus dans un véritable enthousiasme qui a caractérisé cet épisode exaltant de la biologie. Plusieurs notions nouvelles corroborant l'unité fondamentale du monde vivant ont, ainsi, pris forme. Un code génétique universel, la similitude des processus de synthèse des macromolécules, celle de certains mécanismes de contrôle et de différenciation cellulaire, sont les principaux exemples de cette fécondité de la biologie moléculaire. À quelques rares exceptions près, l'abord scientifique de l'école de la biologie moléculaire nous semble avoir été inspiré par un réductionnisme trop exclusif. Il sous-entendait que les problèmes importants de la biologie contemporaine avaient tous, des explications physico-chimiques, à la portée des techniques actuelles. Ce point de vue optimiste a rallié, dès le début, des physiciens, des chimistes et des biochimistes aux quelques biologistes précurseurs de la biologie moléculaire. Leurs succès semblaient confirmer la justesse d'un réductionnisme à outrance.

La plupart de ces découvertes ont été réalisées grâce à l'étude de quelques bactéries choisies comme modèles et de leurs «petits chromosomes», les prophages et les plasmides. Il en est résulté de remarquables progrès de nos connaissances sur ces entités. Cependant, les biologistes moléculaires ne s'intéressaient pas véritablement aux bactéries en tant qu'éléments d'une importante constituante de la biosphère. Les considérant comme des espèces primitives, ils ont préféré ne pas s'occuper de la signification bactériologique de leurs découvertes. Pourtant déjà, en 1937, Chatton avait signalé à Strasbourg les différences fondamentales qui partagent le monde vivant entre le groupe des bactéries et des algues bleues qu'il réunissait sous le nom de *procaryotes* et tous les autres êtres vivants qu'il a nommés les *eucaryotes*. La microscopie électronique, dès avant 1950, a entièrement confirmé l'assertion de Chatton. En 1928, Griffith avait fortement surpris et même quelque peu bouleversé les microbiologistes, en particulier ceux qui s'intéressaient au domaine de la santé : il apportait la preuve que des bactéries pathogènes, les pneumocoques, pouvaient acquérir de nouvelles propriétés qui devenaient héréditaires au contact de pneumocoques *morts* appartenant à un autre type. Griffith n'a malheureusement pas exploité toutes les avenues qu'ouvrait cette découverte qui faisait époque. Ce médecin bactériologiste comme ses collègues de l'époque s'intéressait davantage aux infections qu'aux bactéries qui les causent.

La solidarité génétique
des bactéries commence
à être perçue

La découverte de Griffith a été perçue, dès le début, par plusieurs bactériologistes médicaux comme la première démonstration de la capacité qu'ont les bactéries d'échanger des gènes, sans recourir aux mécanismes de la reproduction sexuée. On sait que ce phénomène de *transformation* a été mis à profit par l'équipe d'Avery, McLeod et McCarthy en 1944 pour identifier la substance dépositaire du message héréditaire et correspondant aux gènes. Ils ont prouvé que c'était l'acide désoxyribonucléique (ADN) et non des protéines comme on le croyait auparavant. Par la suite, ce fut une course effrénée pour identifier la configuration et le mécanisme de la synthèse de l'ADN. Ce furent les objectifs des toutes premières entreprises des biologistes moléculaires. La découverte de la transformation a été suivie de celles de la *conjugaison*, de la *transduction* et de la *conversion après lysogénisation* (voir au chapitre VI). Les *plasmides non autotransférables* et récemment les *gènes sauteurs* sont venus compléter ce tableau des acquisitions de la biologie moléculaire.

Il s'agit là, en effet, de la signification biologique exceptionnelle des moyens multiples et très répandus qui rendent les bactéries génétiquement solidaires par un échange optimal de gènes qui se produit, de façon courante, dans la nature. Mais, répétons-le, les biologistes moléculaires ne s'intéressaient pas aux bactéries en tant que telles. Ils les avaient prises et continuent à les prendre comme de simples modèles expérimentaux, des « animaux d'expérience » comme d'autres expérimentateurs se servent de cobayes, de souris, de rats ou de lapins sans pour autant faire une étude poussée de l'espèce en cause. De la même façon, les généticiens avaient recueilli une masse extrêmement riche de données sur les traits génétiques morphologiques ou physiologiques de la drosophile, sans s'intéresser particulièrement à cet insecte ou à l'entomologie, en général. Victimes de leur position réductionniste et presque anti-historique, la plupart des biologistes moléculaires ont pris pour acquis qu'ils travaillaient sur des « espèces » et ont refusé d'accorder le bénéfice du doute à des ensembles de bactéries. Ils étaient encore moins prêts à s'engager dans le sens du concept d'une organisation supérieure de ces cellules séparées s'intégrant dans une grande entité. Leur attitude évoque celle de Christophe Colomb qui a découvert l'Amérique, sans accorder beaucoup d'importance à ces terres à populations « primitives » uniquement occupé qu'il était par la recherche d'une Asie populeuse et riche. Les biologistes moléculaires ont le très grand mérite d'avoir découvert la majorité des phénomènes originaux qui nous obligent à réviser en profondeur notre conception du monde bactérien et nous permettent de prendre conscience de sa grandeur. Ils n'en ont pas moins refusé d'aller à la conclusion qui aurait dû s'imposer à leur esprit et sont restés prisonniers de leurs convictions sur le caractère primitif des bactéries. Pendant toute cette période, plusieurs antibiotiques ont été découverts et employés comme outils de recherche, en plus de leur application thérapeutique sans qu'il y ait une communication valable entre les deux groupes de microbiologistes qui s'occupaient de ces deux importantes applications. Il est probable que les progrès inestimables qui continueront à être réalisés en biologie moléculaire permettront de comprendre, sur la base de la chimie physique, la majorité des activités bactériennes. Cependant, ce moment est encore éloigné, d'une distance probable d'environ deux ou trois générations scientifiques. En attendant, nous avons tous les autres moyens d'étude des bactéries qui nous permettent de développer et de faire progresser la bactériologie et ses nombreuses sous-spécialités.

On procède en bactériologie dans le même sens qu'en zoologie ou en botanique, sans abandonner les méthodes propres à ces disciplines pour faire à leur place de la biologie moléculaire.

F   Les bactéries deviennent des êtres
    « respectables ». On s'aperçoit que
    leur solidarité génétique leur confère
    une originalité à part et leur permet
    d'exercer des fonctions d'un caractère
    supérieur

Au cours des dernières années, se sont multipliées des indications convaincantes de l'existence chez les bactéries de capacités qui dépassent le niveau de celles qui sont attribuées à ces espèces primitives. D'une part, leur solidarité génétique a été de plus en plus acceptée, d'abord tacitement puis reconnue explicitement. Elle est basée sur l'accès possible de chaque bactérie à tout gène appartenant aux autres souches.

Toutes les bactéries
bénéficient d'un marché
commun de molécules
d'informations et
de communications

Il y a donc un « marché commun » de molécules d'informations à la disposition de toute cellule bactérienne, même s'il n'y est fait appel qu'au besoin. Du fait même, l'ensemble des bactéries de la Terre constitue une entité unitaire, un « superorganisme » capable d'exercer des fonctions d'ordre supérieur.

Au début, une partie de ces concepts nouveaux a été proposée progressivement par des bactériologistes s'intéressant à la taxonomie.

Absence d'isolement
génétique des bactéries,
donc absence d'espèces
réelles. Un génome
potentiel commun
correspond à une entité
bactérienne planétaire

Ils ont démontré que les nouvelles connaissances, sur les échanges généralisés de gènes chez les bactéries, permettaient d'avancer qu'il n'y avait pas chez elles d'isolement génétique, donc pas d'espèces réelles (Cowan, 1970; Richmond, 1974; Sneath, 1974). Ils ont insisté sur l'originalité du système génétique des procaryotes et les conséquences générales et très originales qui découlent de ces faits.

Le développement des résistances transmissibles aux antibiotiques a prouvé d'une façon irréfutable que les bactéries se comportaient comme un ensemble solidaire, capable de résoudre parfaitement et à tout coup des problèmes complexes.

Nous nous sommes faits les avocats du concept du génome potentiel commun des bactéries et comme conséquence logique le concept d'une seule entité planétaire groupant toutes les bactéries dans un clone d'un type original, de niveau supérieur, à cellules très différenciées, d'une façon exclusive aux procaryotes. Nous avons également montré la similitude entre les fonctions supérieures de l'ensemble des bactéries et un ordinateur. Pour la première fois il se dégage un concept cohérent du monde bactérien qui rend justice à son rôle majeur dans la vie sur Terre.

Tandis que la zoologie et la botanique se sont identifiées déjà à l'époque où il se faisait exclusivement de l'histoire naturelle et que toutes les découvertes ultérieures sur la structure fine, la biochimie et les métabolismes des eucaryotes ont simplement complété des cadres préétablis, l'étude scientifique des procaryotes s'est développée de façon très différente. Il en est résulté une conséquence importante, soit une longue crise d'identité de la bactériologie. Les principales observations concernant les bactéries avaient commencé, d'une part dans le secteur marginal des parasites et, avait porté d'autre part, mais assez timidement, sur les équipes bactériennes du sol et du rumen. Les récents progrès, essentiels, sur l'organisation et les fonctions des bactéries sont dus surtout à des réductionnistes qui n'étaient pas portés à faire des synthèses inspirées par l'«histoire naturelle» classique. Ce sont des épidémiologistes, frappés par les manifestations de solidarité entre les souches différentes de bactéries qui ont été parmi les premiers à saisir l'importance de l'ensemble des bactéries. Ces dernières se comportent comme de véritables microorganismes sociaux comme nous, comparables aux insectes sociaux. Le lien entre les bactéries est assuré par des échanges constants de molécules d'information, surtout des gènes. Les bactéries se sont ainsi révélées comme formant une entité unifiée, malgré sa complexité et malgré l'autonomie de ses éléments constitutifs. Cette entité est très efficace et extrêmement originale, par rapport au reste de la biosphère. Une différence significative est le fait que les bactéries n'ont pas eu une évolution darwinienne parce qu'elles ne se sont jamais isolées génétiquement.

Bibliographie

1. AVERY, O. T., C. M. MACLEOD et M. McCARTY (1944) : «Studies of the Chemical Nature of the Substance Inducing Transformation of Pneumococcal Type. Induction of Transformation by a Desoxyribonucleic Acid Fraction Isolated from Pneumococcus Type III», *J. Exp. Med.*, **79** : 137-158.
2. BARKSDALE, L. (1959) : «Symposium on Biology of Cells Modified by Viruses or Antigens», *Bacteriol. Rev.*, **23** : 202-228.
3. BURNET, F. M. (1953) : *Natural History of Infections Diseases*, Cambridge, Cambridge University Press.
4. CHATTON, E. (1937) : *Titres et travaux scientifiques*, Sète, Sottano.
5. COHN, (1872) : «Untersuchungen uber Bakterien», *Beitr. Biol. Pflanz.*, **1** : 127-224.

6. COWAN, S. T. (1970) : « Heretical Taxonomy for Bacteriologists », *J. Gen. Microbiol.*, **61** : 145-154.

7. DE BARY, A. (1884) : *Verlesungen uber Backterien*, Leipzig, W. Engleman, 574 p.

8. DUBOS, R. (1961): *The Dreams of Reason. Science and Utopia*, New York et Londres, Columbia University Press.

9. FRAPPIER, A. et S. SONEA (1966) : « La sexualité et la génétique microbienne et le destin des maladies infectieuses », *Can. J. Public Health*, **57** : 447-452.

10. FREEMAN, V. J. (1951) : « Studies on Virulence of Bacteriophage Infected Strains of *Corynebacterium diphtheriæ* », *J. Bacteriol.*, **61** : 675-688.

11. GRIFFITH, F. (1928) : « The Significance of Pneumococcal Types », *J. Hygiene*, 113-159.

12. JONES, D. et P. H. A. SNEATH (1970) : « Genetic Transfer and Bacterial Taxonomy », *Bacteriol Revi.*, **34** : 40-81.

13. KOCH, R. (1880) : *Investigations into the Etiology of Traumatic Infective Diseases*, trad. par W. Watson Cheyne, Londres, The New Syndenham Society.

14. LEDERBERG, J. et E. M. TATUM (1946) : « Gene Recombination in *E. coli* », *Nature*, **158** : 558.

15. LE MINOR, L. (1968) : « Lysogénie et classification des Salmonella », *Internat. J. System. Bacteriol.*, **18** : 197-201.

16. LÖHINS, F. et N. R. SMITH (1916) : « Life Cycles of the Bacteria », *Jour. Agr. Res.*, **6** : 675-702.

17. LWOFF, A. (1953) : « Lysogeny », *Bacteriol. Rev.*, **17** : 209-337.

18. METCHNIKOFF, El. (1889) : « Contributions à l'étude du pléomorphisme des bactériens », *Ann. Inst. Pasteur,* **3** : 61-68.

19. NAEGELI, C. W. (1877) : *Die Niederen Pilze*, Munich, R. Oldenbourg, p. 1-285.

20. NICOLLE, C. (1930) : « Naissance, vie et mort des maladies infectieuses », Paris, Félix Alcan.

21. RICHMOND, M. H. (1970) : « Plasmids and Chromosomes in Prokaryotic Cells », dans H. P. Charles et B.C.J.G. Knight, édit., *Organization and Control in Prokaryotic and Eukaryotic Cells*, Cambridge, Cambridge University Press.

22. ROPER, J. A. (1962) : « Genetics and Microbial Classification », dans G. C. Ainsworth et P.H.A. Sneath édit., Microbial Classification, Cambridge, Cambridge University Press.

23. SHAEFFER, P. (1958) : « La notion d'espèce d'après les recherches récentes en génétique bactérienne », *Ann. Inst. Pasteur (Paris)*, **94** : 167-178.

24. SNEATH, P.H.A. (1957) : « Some Thoughts on Bacterial Classification », *J. Gen. Microbiol.*, **17** : 184-200.

26. SNEATH, P.H.A. (1974) : « Phylogeny of Microorganisms », *Symp. Soc. Gen. Microbiol.*, **24** : 1-39.

26. SONEA, S. (1952) : « Les infections dues aux pathogènes mineurs. Leur importance grandissante. Essai d'interprétation immunologique », *Union Med. Canada*, **81** : 1194-1201.

27. SONEA, S. (1971) : « A tentative Unifying View of Bacteria », *Rev. Can. Biol.*, **30** : 239-244.

28. SONEA, S. et M. PANISSET (1976) : « Pour une nouvelle bactériologie », *Rev. Can. Biol.*, **35** : 103-167.

29. STANIER, R. Y. (1971) : « Towards an Evolutionary Taxonomy of the Bacteria », dans A. Pérez-Miravete et D. Pelaez, édit., *Recent Advances in Microbiology*, Mexico, Ass. Mexicana de Microbiol.

30. STANIER, R. Y. et E. A. ADELBERG (1976) : *The Microbial Word*, Englewood Cliffs, N. J. Prentice-Hall, Inc.

31. STOCKER, B.A.D. (1955) : « Bacteriophage and Bacterial Classification », *J. Gen. Microbiol.*, **12** : 372-381.

32. WARMING, E. (1876) : « On Nogle ved Danwarks kyster levende Bakterien », *Vienkabelige Meddeser Kopenhagen*, **29-28** : 3-16.

33. WATANABE, T. (1963) : « Infective Heredity of Multiple Drug Resistance in Bacteria », *Bacteriol. Rev.*, **27** : 87-115.

34. WEISSMAN, A. (1892) : *The Germ Plasma*, Das Keimplasma Eine-Theorie der Vererbung, Jena, G. Fischer, 171 p.

35. WINOGRADSKY, S. (1888) : *Beitrage zur Morphologie und Physiologie der Bakterien*. Helf I. Zur Morphologie und Ph

35. WINOGRADSKY, S. (1888) : *Beitrage zur Morphologie und Physiologie der Bakterien*. Helf I. *Zur Morphologie und Physiologie der Schwefelbakterien*, Leipzig, Verlag von Arthur Felix, 120 p., 4 pl.

36. WINOGRADSKY, S. (1937) : « Doctrine of Pleomorphism in Bacteriology », *Soil Science*, **43** : 327-340.

37. ZOPPF (1882) : *Zur Morphologie der Spaltflanzen*. (Spalpilze und Splatalgen), Leipzig, Veit und Comp.

Une évolution entièrement différente de celle des eucaryotes

III

Il n'y avait que des procaryotes sur la Terre au cours de la première moitié des trois milliards d'années écoulées depuis l'apparition de la vie, d'après les indications disponibles. On est porté à croire que la première cellule vivante de notre planète a été précédée de nombreuses synthèses spontanées de substances organiques complexes, à partir d'une forte concentration de molécules organiques plus simples. Cette hypothèse est corroborée par les données recueillies par les sondes spatiales qui ont trouvé, en abondance, de telles molécules organiques simples dans l'atmosphère de Vénus, à des températures très élevées, incompatibles avec la vie.

Origine de la cellule mère
des bactéries

Cependant, même si l'on accepte cette hypothèse pour expliquer l'origine de la première cellule, cette synthèse spontanée et ce regroupement, à partir d'une matière organique préformée, se sont déroulés conformément aux lois du hasard. Ce phénomène a donc dû se produire avec une extrême rareté, voire une seule fois. Avant que la cellule mère, ancêtre de toutes les bactéries de la Terre, se soit formée, il a fallu de très longues périodes, des millions d'années pour que des « ribosomes primitifs » soient entourés de tous les éléments nécessaires à la synthèse des protéines et du matériel génétique : acides aminés, bases nucléiques, acide ribonucléique de transfert, un minimum d'enzymes, une membrane semi-perméable et, bien entendu, l'acide désoxyribonucléique contenant dans ce cas l'information adéquate sur les enzymes à synthétiser. Ces enzymes devaient correspondre aux besoins nutritifs de la cellule et à la formulation des macromolécules nécessaires.

Difficultés qui ont précédé
la première division de
la cellule ancestrale

Après une autre longue période et probablement d'innombrables échecs, la première cellule a dû finalement trouver le moyen de se diviser en deux autres cellules presque identiques. C'est seulement à partir de ce moment que la prolongation et la propagation de la vie ont été assurées sur notre planète. Il est très probable que ses descendants avaient un métabolisme très lent et que les divisions cellulaires se faisaient au rythme des mois, et même des années. Mais, en l'absence d'ennemis naturels et dans un milieu favorable, en dépit de la lenteur de la reproduction, il a suffi de quelques siècles pour que, suivant une progression géométrique, ces cellules peuplent toute la Terre.

L'intense multiplication bactérienne initiale rend la terre moins favorable à la propagation de la vie

Elles ont donc fini par épuiser les immenses réserves de matière organique qu'elles y avaient trouvées. Il y a eu probablement une disparition plus rapide de certaines molécules importantes. Au début, seules les cellules qui pouvaient s'en passer ont continué à se multiplier abondamment. Une modification inexorable de la structure de la population de ces cellules de la Terre s'est ainsi produite.

A   La première cellule sur terre
     de type procaryote : ses descendants
     forment un clone planétaire
     de type original

Ces unités les mieux adaptées prenant constamment le dessus ont fini par synthétiser des enzymes capables de s'attaquer également à de nouvelles substances nutritives ou de synthétiser des molécules importantes ou essentielles qui devenaient rares. Les descendants de la cellule mère unique ont ainsi vite fait de rendre le milieu planétaire moins favorable qu'il ne l'était lors de l'apparition de cette première cellule. De ce fait a été empêchée à jamais la possibilité qu'une autre cellule soit, péniblement, « fabriquée » au hasard et puisse survivre longtemps, isolée, avant d'arriver à réaliser sa première division. En effet, les nombreux descendants de la première cellule l'auraient privée pendant ce temps des aliments nécessaires. En conclusion, toutes les cellules de la Terre descendent très probablement d'une seule cellule mère ou ancestrale de type procaryote. Ainsi, au cours des premiers milliers d'années de leur existence, elles constituaient, indiscutablement, un clone qui, cependant, commençait à contenir des cellules qui en se perfectionnant s'étaient éloignées de leur cellule-ancêtre, pour suivre quelques voies métaboliques légèrement différentes.

Sélection permanente

Avec la diminution de l'abondance du matériel organique disponible, la sélection qui s'était faite jusque-là, par une simple stimulation favorable aux cellules dont la multiplication était la plus rapide, s'est poursuivie par la suite par compétition en vue de l'utilisation des matériaux les moins disponibles. Ainsi, les cellules les moins adaptées qui en avaient un besoin absolu ont disparu, laissant la place aux cellules les mieux adaptées.

B   Maintien de l'unité du clone bactérien
      malgré la diversité croissante de
      ses cellules. Épisodes décisifs en vue de
      la conservation du génome commun

Le clone de ces bactéries primitives qui se diversifiaient de plus en plus, courait le risque de s'éparpiller en d'innombrables souches de plus en plus distinctes, sans aucune relation avec les autres.

Renaissance du clone
bactérien planétaire,
par échange de gènes

Ce clone a été, cependant, l'objet d'une renaissance par unification qui s'est manifestée dans quelques épisodes correspondant probablement à des périodes différentes. Ces épisodes ont eu un même résultat : l'échange de plus en plus efficace de gènes entre diverses souches bactériennes, ce qui constituait une mise en commun de tous les gènes. La transformation en est probablement le plus ancien moyen : dès leur début, les cellules devaient probablement pouvoir laisser passer à travers leurs membranes l'acide désoxyribonucléique (ADN) de cellules voisines, viables ou non, appartenant à d'autres souches. De tels petits fragments d'ADN étranger étaient parfois insérés par recombinaison à la place d'une zone similaire du génome d'une bactérie réceptrice. Les enzymes d'exclusion-modification n'existaient probablement pas dans les premières bactéries. Ainsi, le clone primitif, ou au moins, l'ensemble de ces cellules qui étaient en mesure de bénéficier de la transformation a été à l'origine de la solidarité génétique caractéristique des procaryotes.

Établissement d'un génome
potentiel commun à toutes
les bactéries

Ceci a donné lieu à la formation d'un premier génome potentiel commun qui n'a fait que se développer par la suite pour les bactéries. L'évolution des bactéries vers l'édification de cellules spécialisées, de mieux en mieux adaptées à l'une des possibilités métaboliques, s'en est trouvée considérablement accélérée. Des souches déjà améliorées par leurs propres moyens d'évolution pouvaient de plus recevoir des gènes nouveaux, perfectionnés par d'autres souches et au lieu de passer des millions d'années à les synthétiser «de novo», elles étaient en mesure de les utiliser immédiatement, ce qui leur permettait d'exploiter sans tarder des niches écologiques nouvelles.

Rôle essentiel des petits
replicons, ou petits
«chromosomes» visiteurs

Il est probable que les prophages (petits «chromosomes» en mesure d'avoir une phase de transmission similaire à celles que présentent les virus) sont apparus plusieurs millions d'années plus tard, mais aujourd'hui, toutes les bactéries semblent en posséder.

Le prophage constitue un petit chromosome «en visite» pour plusieurs générations dans une souche bactérienne. Il peut ainsi apporter, intégrés à lui, quelques gènes provenant d'une autre souche et qui sont exprimés (donc «lus» pour en synthétiser une protéine) par la cellule hôte qui va de cette façon s'enrichir de quelques nouvelles enzymes dont ils codent les formules. Les phages tempérés, en passant le génome qui est aussi celui du prophage, d'une bactérie à une autre, effectuent un échange de gènes qui est, actuellement, beaucoup plus répandu que la transformation. Les mêmes phages peuvent réaliser, également, le phénomène de *transduction* par lequel un beaucoup plus grand nombre de gènes peut être transféré d'une bactérie à une autre dans leur séquence naturelle. Il est possible que la généralisation des phages ait entraîné la prolifération par transfert de la meilleure formule pour la synthèse des ribosomes et peut-être même, celle de la meilleure formule pour réaliser à la perfection les processus de division cellulaire chez les bactéries.

En même temps que s'accroissait le nombre des bactéries sur la Terre, la compétition entre elles a dominé et domine encore leurs phénomènes vitaux. La survie était assurée, de plus en plus, aux cellules qui possédaient les métabolismes et les rythmes de division les plus rapides.

Apparition de
la paroi cellulaire

La présence chez quelques bactéries d'une paroi de peptidoglycane a favorisé la rapidité de ces activités en permettant une très forte concentration intracellulaire de molécules. Sans cette paroi, les cellules éclatent avant de subir de très fortes différences de pressions osmotiques. Ce type de paroi cellulaire s'est étendu progressivement, probablement par transduction de gènes responsables, à un nombre croissant de souches de bactéries.

Apparition des bactéries
photosynthétiques

Vers la même période, se situe probablement l'apparition d'une nouvelle catégorie de bactéries, les photosynthétiques. Ces dernières bénéficiaient d'une nouvelle source d'énergie dispensée en abondance, la lumière solaire, pour effectuer la synthèse des molécules organiques à partir de l'anhydride carbonique (CO_2) et de l'eau. C'est l'avènement des algues bleues ou cyanobactéries qui a représenté la plus grande réussite dans le domaine de la paléobiologie. Pendant leur photosynthèse, certaines d'entre elles ont libéré de l'oxygène. L'atmosphère qui en était dépourvue, jusque-là, s'est enrichie progressivement de ce gaz. Au cours des millions d'années pendant lesquelles cette modification capitale du milieu se produisait sur la Terre, la plupart des bactéries exposées à l'air ont eu ou à s'adapter à la toxicité de l'oxygène ou à mourir. Les échanges de gènes, déjà courants ont dû permettre une distribution parmi les souches de l'information favorable de la tolérance à l'oxygène. De ce fait même, une sélection supplémentaire s'est produite en faveur des souches qui étaient dotées d'un meilleur système d'échange de gènes, celles qui pouvaient réaliser ces changements à temps. Comme résultat, la solidarité générale des bactéries s'est encore accrue, contribution décisive à l'unité du clone supérieur planétaire. De tous les procaryotes, quelques bactéries ont, finalement, réussi même à synthétiser les gènes correspondant aux enzymes qui assurent l'utilisation de l'oxygène libre de l'atmosphère nouvelle.

Adaptation heureuse à l'oxygène libre; premiers eucaryotes résultant d'une symbiose entre bactéries

Cette réaction s'est révélée, de loin, supérieure aux processus antérieurs de métabolisme énergétique. Il est probable que ces précieux gènes ont été, finalement, acquis par un même mécanisme d'échange par de nombreuses souches qui ont pu ainsi vivre mieux en aérobiose.

C   Apparition beaucoup plus tardive des eucaryotes. Leur apparition confère une évolution divergente aux deux grands groupes

La fin de cette période marque aussi le début d'une autre grande aventure biologique : l'apparition des eucaryotes. Il est vraisemblable que tout a commencé par une souche bactérienne anaérobie qui pouvait tolérer l'oxygène ou une souche aérobie à faible rendement et dépourvue d'une paroi cellulaire rigide, ce qui lui permettait d'exercer la phagocytose. Cette cellule était de ce fait, plus grande, capable d'accumuler un plus grand nombre de gènes. À partir de la phagocytose d'autres bactéries, une cellule de cette souche a gardé comme endosymbiontes, des exemplaires d'une bactérie aérobie capable d'utiliser l'oxygène libre à l'origine des futures mitochondries (aujourd'hui corpuscule présent chez tous les eucaryotes) et aussi une algue bleue, ancêtre des futurs chloroplastes (formation présente chez toutes les plantes eucaryotes). L'ensemble formait la cellule ancestrale des eucaryotes dont les capacités dépassaient de beaucoup celles de n'importe quelle souche bactérienne. Elle bénéficiait d'une source presque inépuisable d'éléments nutritifs grâce à la photosynthèse assurée par ces ancêtres des chloroplastes qu'elle hébergeait. Elle possédait le métabolisme énergétique le plus efficace, celui d'utiliser l'oxygène libre comme récepteur final d'hydrogène assuré par la présence des ancêtres des mitochondries.

Cette cellule mère a eu d'innombrables descendants qui, en se perfectionnant, ont donné naissance, au début, à des espèces eucaryotes du monde végétal. Probablement à la suite de la perte des chloroplastes (qui se réalise assez facilement, même au laboratoire pour des plantes simples), certaines espèces ont donné, assez tôt, naissance aux protozoaires, puis aux animaux supérieurs ainsi qu'aux levures, aux moisissures et aux champignons à chapeaux et, par une nouvelle symbiose, aux lichens.

Le succès des eucaryotes rompt l'ancien équilibre entre divers groupes métaboliques de bactéries

Immédiatement avant l'apparition des eucaryotes, les bactéries assumaient tous les métabolismes existant sur la Terre (Fig. 1). Il s'était établi un équilibre dans la répartition des souches possédant des fonctions différentes. En particulier, les bactéries autotrophes (indépendantes de la matière organique) et les bactéries hétérotrophes (dépendantes et minéralisatrices des molécules organiques) existaient en nombres à peu près équivalents. L'apparition et le développement des eucaryotes a changé cet équilibre et l'a remplacé par un autre, celui que nous vivons encore et qui permet à la Terre de nourrir le plus grand nombre, atteint jusqu'ici, de cellules vivantes. Le succès des eucaryotes s'explique par le fait qu'ils se sont emparés des secteurs dans lesquels la nature même des procaryotes en limitait la multiplication. Il y a eu assez rapidement une division croissante du travail entre l'ancien et le nouveau groupe réalisé par simple compétition. De ce fait, les deux grands groupes d'êtres vivants ont évolué de façon divergente en accentuant leurs caractères respectifs. Leurs différences et la complémentarité de leurs rôles s'en sont constamment accentuées. Les bactéries ont développé davantage leur propre caractère. Par conséquent, il est intéressant, pour mieux comprendre indirectement l'évolution des procaryotes à partir de cette période, de faire le bilan de celle des eucaryotes. Chez ces derniers, le nombre des gènes contenus dans le noyau a augmenté progressivement, en gardant probablement captifs les gènes des prophages et des plasmides qui visitaient leurs ancêtres. Comme conséquence, tout échange génétique avec les souches bactériennes qui les entouraient a pris fin. Les cellules eucaryotes n'ont ainsi

Figure 1 : *Évolution probable du type de métabolisme (autotrophes ou hétérotrophes) chez les bactéries depuis la première cellule jusqu'à nos jours.*

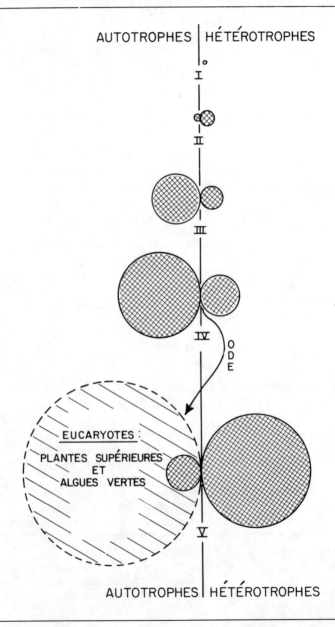

plus eu accès à l'immense génome potentiel commun à leurs ancêtres. L'évolution et la différenciation de chaque cellule ou organisme supérieur eucaryote a dû se limiter à l'exploitation du génome *intracellulaire* des cellules respectives. Cet isolement génétique a accéléré la constitution des espèces et leur diversification croissante, chacune de ces espèces ne gardant plus de lien avec celles dont elles se séparaient. L'isolement génétique des eucaryotes s'est cependant atténué en partie avec l'apparition de la sexualité. La formation d'un nouvel être vivant est liée, dans ce processus, à la transmission par deux cellules qui s'unissent, de la moitié, prise au hasard, des gènes de chacune d'elles. Cette transmission accroît le bagage du génome potentiel jusqu'aux confins de l'espèce. Cette entité est définie, précisément, comme un groupe dont les membres sont capables de produire, ensemble, par un phénomène sexuel, des descendants fertiles. Cette possibilité modifie de façon radicale la durée des clones. Alors que chez les bactéries il en existe un seul, de type complexe, supérieur et potentiel qui survit depuis environ trois milliards d'années, chez les eucaryotes — à l'exception près des rares phénomènes de parthénogénèse — chaque clone, donc chaque individu, est essentiellement mortel.

Fig. 1 : La ligne verticale sépare les hétérotrophes (à droite) des autotrophes (à gauche). Les cercles pleins représentent, très approximativement, la masse totale des bactéries sur Terre à certains moments de leur évolution. Il est à remarquer que la masse totale de la matière vivante n'a cessé de s'accroître. I : Première cellule vivante sur Terre et ses descendants peu modifiés. (Très probablement, il s'agissait d'hétérotrophes qui bénéficiaient des substances organiques accumulées à la surface de la Terre pendant la période prébiologique). II : Plusieurs millions d'années plus tard, des bactéries autotrophes ont fait leur apparition. Les hétérotrophes devaient s'adapter à moins de matières organiques provenant de la période prébiologique, auxquelles s'ajoutaient les déchets des bactéries mortes. III : Il y a environ 1 500 millions d'années, les bactéries autotrophes dépassent depuis assez longtemps les bactéries hétérotrophes. Ces dernières se nourrissent exclusivement des déchets des diverses bactéries. IV : Il y a environ un milliard d'années, les bactéries photosynthétiques ont fini par réaliser une atmosphère similaire à celle d'aujourd'hui avec de l'oxygène. Ceci a permis l'apparition des premiers eucaryotes. Chez les bactéries, les autotrophes dépassant largement en nombre les hétérotrophes. ODE = Origine et développement des eucaryotes. V : Quelques centaines de millions d'années plus tard, le développement des algues eucaryes et surtout des plantes supérieures fait que ces deux catégories d'êtres vivants remplacent en bonne partie et dépassent en masse les bactéries photosynthétiques. La majorité des bactéries sont depuis hétérotrophes. Elles décomposent en éléments minéraux (assimilables par les plantes) les cellules mortes qu'elles trouvent dans la nature.

Figure 2: «*Immortalité*» *du clone bactérien planétaire. Mort des clones chez les eucaryotes en relation avec la sexualité.*

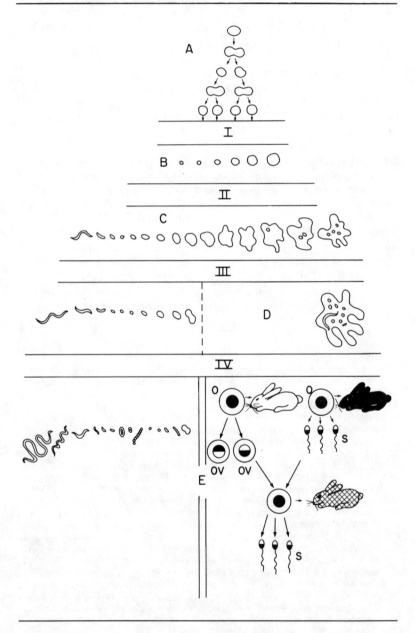

FIG. 2 : A. Division de la première cellule vivante sur terre et de ses premiers descendants. Dans la multiplication bactérienne une cellule augmente de taille en dédoublant ses composants qui deviennent finalement deux cellules séparées, plutôt deux « sœurs » identiques que « filles » de la précédente. La cellule « mère » se continue de la même façon dans les deux filles. Pour les toutes premières cellules sur terre, le mécanisme de division devait être assez primitif. Il est cependant probable que cette division s'est faite comme chez les bactéries d'aujourd'hui en donnant naissance à deux cellules « sœurs » identiques ou très légèrement différentes. I, II, III, et IV. Divers grands intervalles de temps séparant les périodes représentées dans cette figure. B. Plusieurs dizaines de millions d'années après la première cellule, ses très nombreux descendants montrent une certaine diversité, représentée dans la figure par des dimensions différentes qui caractérisent les souches. C'est le résultat de nombreux changements imperceptibles intervenus de temps en temps pendant cette longue période. C. Un milliard d'années plus tard, la diversité des bactéries s'est accrue, très probablement à la suite de changements toujours imperceptibles d'une génération à une autre. Le type de souches bactériennes représenté à droite ne ressemblait pas aux bactéries d'aujourd'hui. Leur grande taille et leur membrane différente leur permettaient très probablement de phagocyter d'autres bactéries plus petites représentées à gauche. D. Quelques centaines de millions d'années plus tard, il est très probable que les bactéries les plus grandes, capables de phagocytose, ont fini par donner naissance aux eucaryotes (à droite). Ceci comportait l'addition des futures mitochondries et chloroplastes et la formation d'un grand génome intracellulaire, ancêtre du noyau. Ces premiers eucaryotes ont probablement éliminé, par concurrence, toutes les autres bactéries de grande taille. Seules les petites bactéries (à gauche) ayant besoin d'un accès au génome potentiel commun par des échanges de gènes ont poursuivi leur mode de vie de bactéries. Leur solidarité génétique leur permet de survivre efficacement aux eucaryotes phagocytes. E. Comme les eucaryotes n'échangeaient plus de gènes avec les bactéries (ayant probablement gardé captifs tous les gènes « visiteurs » à peine perceptibles pour en construire le futur noyau), ils ont réussi à remplacer le système bactérien d'échange de gènes, par la sexualité, quelques centaines de millions d'années après l'apparition des premières cellules de type eucaryote. Ils pouvaient ainsi, à l'intérieur de chaque espèce (phénomène nouveau dû à l'isolement génétique) redistribuer de façon très active leurs gènes en réalisant de grands changements d'une génération à l'autre. On voit, à droite, l'exemple contemporain d'un animal chez lequel, à chaque génération, un sujet constitue un clone, résultat du développement des divisions successives et différenciation, à partir d'un œuf (0). Ce dernier provient de l'union de 50 pour cent des gènes du clone du père se trouvant dans un spermatozoïde (S) et de 50 pour cent des gènes de la mère se trouvant dans l'ovule (OV). On voit que chez les eucaryotes sexués, un clone dure seulement pendant la vie d'un sujet. Aucune de ses cellules ne lui survit par continuité ou par un changement à peine perceptible comme chez les bactéries. Il y a une telle discontinuité entre les générations que chaque clone prend fin avec le sujet respectif. Ceci est accentué par le fait que les cellules très différenciées, somatiques, ne peuvent se multiplier qu'un nombre limité de fois ou pas du tout ; ainsi, les tissus nobles et les organes des animaux meurent en effet avec chaque sujet. La mort des clones chez les eucaryotes fait donc partie du phénomène de sexualité. Au contraire, chez les bactéries (à gauche) chaque cellule bactérienne est la continuité de celle qui l'a précédée en se divisant. Parmi les ancêtres de chaque bactérie vivante, il n'y a pas eu de cellule morte depuis l'apparition de la toute première cellule sur terre. L'entité de toutes les bactéries de notre planète, un véritable clone planétaire, est ainsi « immortelle ». Elle s'est développée et organisée par spécialisation des diverses souches et par solidarité génétique, pendant environ trois milliards d'années, d'une façon qui rappelle le développement d'un animal à partir d'un œuf.

La sexualité et la mort

Étrangement, la sexualité est donc liée à la mort dans ce monde des eucaryotes qui est le nôtre. En plus de cette discontinuité chez les eucaryotes due à la mort de chaque clone, il y a chez le végétal ou l'animal supérieurs, à côté de cellules germinatives très peu différenciées, des cellules somatiques qui, elles, sont fortement différenciées et dont le matériel génétique n'est pas, de façon générale, transmissible aux descendants. Le prix de la forte différenciation des cellules somatiques chez les eucaryotes est non seulement la mort, mais aussi l'incapacité d'avoir des descendants. De plus, l'évolution a lieu pour chaque espèce d'eucaryote, dans l'isolement des gènes particuliers à ce groupe limité. Les espèces très spécialisées sont ainsi menacées d'extinction, car il n'existe pas de moyen pratique de correction génétique (Fig. 2).

Différences prononcées entre procaryotes et eucaryotes

L'évolution des eucaryotes est irréversible. D'un côté, les possibilités de différenciation à *partir d'une cellule* sont très marquées chez les eucaryotes. Il suffit en effet de déréprimer (donc de permettre au gène de réaliser le message génétique jusqu'à la synthèse de l'enzyme ou une autre macromolécule) une autre partie de la grande réserve intracellulaire de gènes réprimés. En effet, chez un mammifère, par exemple, une cellule n'exprime qu'environ un vingtième de ses gènes au cours de sa vie. Les autres sont réprimés, donc inutilisés. Les gènes qui permettent à des cellules de l'œil d'être photosensibles, existent sans se manifester dans tout le reste de notre corps. Ce mécanisme de différenciation a favorisé l'apparition des eucaryotes multicellulaires, chez lesquels le même clone — un animal ou une plante — a pu former des tissus et des organes contenant même, des cellules nobles donc à fonction très spécialisée, dont la nutrition est assurée par l'ensemble de l'individu. De la même façon, les cellules de la périphérie d'un sujet eucaryote supérieur constituent une couche continue et isolante par rapport au milieu extérieur avec de rares ouvertures efficacement protégées. Cette couche délimite et protège le *milieu intérieur* et maintient à l'extérieur les microorganismes compétitifs ainsi que les agents physiques et chimiques nocifs. Cette même capacité a permis aux plantes de s'élever au-dessus du sol grâce à des tiges ou des troncs, dispositifs qui augmentent de beaucoup les surfaces qui accomplissent la photosynthèse. Les ramifications nombreuses de leurs racines pénètrent, au contraire, profondément dans le sol. Ainsi équipés, les végétaux eucaryotes ont pu quitter les étendues aqueuses ou marécageuses et coloniser la terre ferme. Les animaux les ont suivis, pourvus d'appareils locomoteurs qui ont permis, aux uns, de vivre sur terre, aux autres, dans les eaux douces ou salées, à certains, de vivre aussi bien dans l'un et l'autre de ces milieux, aux oiseaux et à de nombreux insectes, de s'élever dans les airs. La Terre a pu ainsi accueillir et nourrir un nombre toujours croissant de cellules vivantes.

Dernier grand épisode
d'adaptation du monde
bactérien

À partir des siècles pendant lesquels sont apparus les premiers eucaryotes et jusqu'à la colonisation des sols par les plantes supérieures auxquelles sont venus se joindre les animaux, le grand clone bactérien a été l'objet d'un dernier grand épisode d'adaptation, en s'assurant, ainsi, par une spécialisation poussée, des secteurs dans lesquels les eucaryotes n'étaient pas nettement supérieurs. Les bactéries ont réussi à s'assurer de nouvelles spécialisations pour tirer parti de la présence des déchets des eucaryotes dans le sol, les vases des rivières au cours lent et des lacs, le tube digestif des animaux. La plupart des bactéries agissent depuis l'épanouissement des eucaryotes, surtout comme des agents capables de transformer les cellules mortes en matières minérales assimilables par les plantes. De nouveau, comme lors de l'apparition de la vie sur la Terre, le nombre des bactéries hérérotrophes dépasse celui des autotrophes. La photosynthèse, principale source de l'autotrophie, est assurée aujourd'hui, pour la très grande partie, par les végétaux eucaryotes.

Comme cela se produit dans toute période de crise ou d'adaptation très importante pour effectuer ce réarrangement profond, les bactéries ont dû recourir à des permutations de gènes entre souches qui, bien dirigées par les innombrables sélections subclonales, ont permis à l'entité bactérienne mondiale de sortir avec succès et même le progrès final de cette dernière grande adaptation. Ce fut le dernier épisode de la renaissance de l'unité du clone bactérien mondial. Une fois de plus, les souches les mieux pourvues pour les échanges génétiques ont survécu et ont pris le dessus sur les autres. Tout s'est passé comme si la forme la plus efficace d'échange de gènes, la conjugaison, était apparue durant cette même période. Le fait qu'elle soit encore réservée de façon presque exclusive aux bactéries à Gram négatif est une indication qu'il s'agit de phénomènes relativement récents.

D   Perfectionnement du système correctif
de l'évolution impliquant une forte
différenciation réversible et dosée,
ainsi que des fonctions supérieures

Avec une capacité accrue d'entraide par échanges génétiques, il y a eu accroissement corrélatif du pouvoir de corriger l'évolution de chaque souche ou de réaliser, en cas de nécessité, une évolution bactérienne temporairement réversible. Chaque souche bactérienne a, ainsi, pu développer à l'extrême sa spécialisation en vue d'un rôle biologique donné. Cette surspécialisation ne devait pas avoir comme prix une extinction ultime comme cela s'est produit trop souvent pour les eucaryotes très spécialisés. Cette surspécialisation des cellules bactériennes est venue s'ajouter au besoin grandissant de raccourcir la durée d'une génération, ces deux propriétés étant de nature à aider les souches dans leur lutte incessante pour la survie. Les deux propriétés ont été servies, d'une part, par la disparition presque totale des bactéries dépourvues de paroi cellulaire à l'exception des mycoplasmatales et des formes L (temporaires). D'autre part, il y a eu diminution progressive au strict minimum des gènes intracellulaires, en particulier ceux du grand réplicon, le « chromosome ».

Génome intracellulaire très
réduit, voire incomplet chez
toutes les bactéries. Donc,
une différenciation originale
par redistribution de gènes
entre souches

La dimension constamment très réduite du génome bactérien *intracellulaire* est un des caractères les plus surprenants des bactéries d'aujourd'hui. Dans ces conditions, ce génome est tout à fait incomplet et ne peut assurer seul une évolution ou une différenciation du type qui est commun chez les eucaryotes. Nous devons accepter le fait que la véritable différenciation s'est faite et se fait chez les bactéries par une distribution différentielle des gènes dans les diverses souches à partir du génome potentiel planétaire du monde bactérien. C'est là le résultat de l'évolution originale du clone bactérien total qui s'est enrichi de gènes de plus en plus nombreux et de souches spécialisées ainsi que des redistributions de gènes qui ont eu lieu à l'occasion des grands changements des facteurs du milieu. Cette différenciation par redistribution de gènes contenus dans les diverses cellules se produit chaque fois qu'elle est nécessaire. La redistribution des gènes s'effectue également à l'intérieur de chaque cellule, selon les besoins, entre le grand réplicon (« chromosome ») et divers petits réplicons (prophages ou plasmides). Ces derniers ont également évolué. D'une part, ils ont perfectionné leur mécanisme de transfert de gènes pour le réaliser avec le maximum d'économie énergétique et à une fréquence optimale, parfois variable selon les circonstances. Ils se sont adaptés en vue de « visites » faciles de nouvelles souches ou ont restreint leur rayon d'action. Comme la plupart de leurs gènes sont réprimés, les petits réplicons, à l'encontre des « chromosomes » bactériens ont pu abriter des gènes nouveaux ou en cours de modification pendant le long assemblage des séquences successives de nucléotides appropriés. Les groupements de « gènes sauteurs » (séquences d'insertion) qui favorisent le déplacement des gènes d'un réplicon à l'autre dans la même cellule semblent avoir évolué surtout grâce aux petits réplicons, avec lesquels ils sont devenus, par évolution, une partie constituante du clone bactérien planétaire à un niveau d'organisation autre que celui des cellules, essentiel pour assurer l'unité de l'ensemble par leur rôle d'échangeurs de gènes. Ces échanges ont lieu en tout temps et non seulement à l'occasion de la reproduction, comme cela se produit chez les eucaryotes.

L'évolution des bactéries a épousé de près les réalités de la Terre. Ses caractères physiques leur offrent un support matériel comme un tronc l'offre à une plante grimpante. L'eau des océans, des mers, des lacs, l'eau des rivières, la pluie assurent la substance de base absolument nécessaire à chaque bactérie. Les mouvements de l'air, les déplacements de l'eau assurent le renouvellement du gaz carbonique, de l'oxygène et de l'azote comme matières premières. L'apparition et le développement des plantes et des animaux ont ouvert de nouvelles niches écologiques, plus abondantes que dans le passé. Par la redistribution des cellules consécutive à d'innombrables sélections subclonales et par celle des gènes d'une souche à l'autre, le clone bactérien, chaque fois que c'est nécessaire, assure finalement à chaque secteur biologique le mélange optimal d'enzymes pour les circonstances présentes.

Le monde bactérien a atteint l'âge mûr; doit-on rapprocher cette entité mondiale d'un clone supérieur ou d'une espèce?

La plupart des bactériologistes semblent d'accord sur le fait que l'entité bactérienne mondiale ne s'est pratiquement plus enrichie en nouveaux gènes depuis quelques centaines de millions d'années. Le vénérable clone bactérien mondial éternellement rajeuni par la concurrence a atteint ainsi l'âge mûr. Son ontogénie a été la même que sa phylogénie. Son épanouissement et celui des eucaryotes, dans une sorte de supersymbiose, est évoqué par l'hypothèse de Gaea qui présente tous les êtres

FIG. 3 : À partir de la première cellule, il y a eu une diversification progressive des descendants. Les lignes pleines indiquent les échanges de gènes entre types différents de cellules ; avec le temps ces échanges se sont multipliés et diversifiés à leur tour. Dès qu'une cellule procaryote douée de la capacité de phagocytes a réussi à garder comme endosymbiontes des bactéries qui utilisaient l'oxygène libre dans leur métabolisme énergétique (futures mitochondries), elle est devenue l'ancêtre des eucaryotes et étant mieux équipée a remplacé tous les procaryotes qui pouvaient phagocyter. À partir de cette époque, toutes les bactéries sont devenues de plus en plus petites et la majorité a acquis des parois cellulaires leur permettant, par la concentration des molécules dans le cytoplasme, une croissance très rapide. Seules les mycoplasmes ont résisté à partir des nombreuses bactéries dépourvues en permanence de paroi.
A. Première cellule sur la Terre. B. Cellule de type procaryote mais légèrement phagocytaire. C. Cellule de type procaryote, très phagocytaire. D. Cellule à l'origine des eucaryotes contenant des endosymbiontes, ancêtres des mitochondries, des chloroplastes, des structures tubulaires. Elle a perdu la capacité d'échanger des gènes avec d'autres souches. E. Cellules de type mycoplasme, trop grandes pour résister à la concurrence avec des cellules eucaryotes, donc sans descendants. F. Le monde bactérien dont l'évolution est pratiquement finie : il constitue un superorganisme relié par des circuits innombrables d'échange de molécule d'information, en particulier des gènes qui constituent un seul génome potentiel commun pour toutes les bactéries.

Figure 3 : *Schéma de l'évolution probable des bactéries*

Il y a 3,2 milliards d'années   Il y a 1,7 milliards d'années   Il y a un milliard d'années ; l'évolution *bactérienne* est pratiquement finie

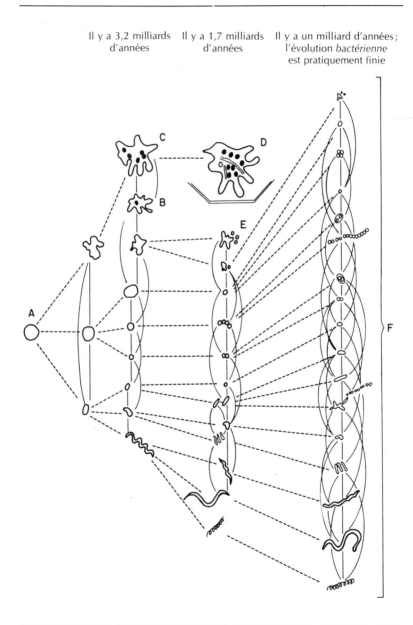

vivants comme des éléments constitutifs d'un superorganisme répandu par toute la planète. Les procaryotes peuvent certainement être considérés comme formant une telle sorte d'entité, encore plus unifiée. Elle peut être également assimilée à une espèce unique, si l'on considère toutes les bactéries comme des sujets capables d'échanger des gènes. Les possibilités d'échange sont, chez les bactéries, plus poussées et indépendantes de la reproduction sexuelle classique. Quel que soit le nom que l'on donnera à cette entité, elle n'est pas unifiée du seul fait de son origine probable procédant d'une cellule-mère ancestrale de laquelle toutes les bactéries descendent sans discontinuité. Elle l'est aussi par le génome potentiel commun qui est à sa disposition.

Fonctions supérieures dans
le monde bactérien ;
super-organisme à
ordinateur biologique ?

Il y a aussi des fonctions supérieures que le monde bactérien effectue comme un superorganisme. Son évolution a fini par lui assurer des aptitudes comparables à celles d'un ordinateur. Quand un problème est posé par l'apparition de facteurs favorables ou défavorables, s'exerçant sur un grand nombre de bactéries, la solution arrive sous la forme de l'enzyme nécessaire, par les déplacements successifs du gène adéquat qui existait chez quelques rares bactéries éloignées. La sélection sub-clonale déclenchée par les nouveaux facteurs qui ont posé le problème finit par déplacer l'information appropriée là où elle est nécessaire. Ceci se fait par l'intermédiaire d'un gène dont le nombre et la dispersion seront amplifiés et qui parviendra finalement là où il est nécessaire. Ces épisodes de « mini-évolutions » peuvent être considérés également comme des phénomènes de la différenciation particulière des procaryotes (Fig. 3).

E   Une évolution non darwinienne
pour les bactéries

Il est ainsi évident que l'évolution des bactéries ne ressemble guère à celle que Darwin a décrite pour les eucaryotes, la seule moitié du monde vivant qu'il connaissait. En l'absence de l'isolement génétique, il n'y a pas eu de fragmentation en espèces ; l'évolution n'est pas devenue irréversible. La concurrence la plus forte n'a pas constitué un élément de divergence sans fin. Au contraire, à cause de la solidarité génétique des bactéries, d'une façon paradoxale la concurrence a contribué à stabiliser les souches les plus adaptées par leur grande spécialisation, au milieu respectif.

Bibliographie

1. ANDERSON, E. S. (1966) : «Possible Importance of Transfer Factors in Bacterial Evolution», Nature, 209 : 637-638.
2. ANDERSON, N. G. (1970) : «Evolutionary Significance of Virus Infection», Nature, 227 : 1346-1347.
3. BARGHOORN, E. S. (1971) : «The Oldest Fossils», Scientific American, 224 : 30-36.
4. BARGHOORN, E. S. et J. W. SHOPF (1966) : «Microorganisms Three Bilion Years Old from the Precambrian of South Africa», Science, 152 : 758-763.
5. BODMER, F. (1970) : «The Evolutionary Significance of Recombination of Prokaryote», dans H. P. Charles et B.C.I.G. Knight, édit., Organization and Control in Prokaryotic and Eukaryotic Cells, 21th Symposium of the Society of General Microbiology, Imperial College London, avril 1970, Londres, Cambridge University Press, 456 p.
6. CALVIN, M. (1969) : Chemical Evolution, New York, N. Y., Oxford University Press.
7. CAYEUX, L. (1936) : «Existence de nombreuses bactéries dans les phosphates sédimentaires de tout âge», C.R.Ac.Sc., 203 : 1198-1200.
8. CHADEFAUD, M. (1976) : «Les premiers êtres vivants», Science et avenir, 350 : 380-385.
9. CHRISTEN, Y. (1975) : «Le rôle des virus dans l'évolution», La Recherche, 6 : 270-271.
10. DELEY, J. (1968) : «Molecular Biology and Bacterial Phylogeny», Evolution Biol., 2 : 103-156.
11. DESCHASEAUX, C. (1941) : «Les bactéries fossiles», La Presse médicale, 23-24 : 297-298.
12. DOSE, K. S., W. FOT, G. A. DEBORIN et T. T. PAVLOVSKAYA (1974) : The Origin of Life and Evolutionary Biochemistry, New York, N. Y., Plenum Pub. Corp.
13. KARSKA-WYSOCKI, B. et S. SONEA (1973) : «Sensibilité à l'action létale des rayons UV d'une souche de Staphylococcus aureus en relation avec le nombre des prophages présents», Rev. Can. Biol., 32 : 151-156.
14. L'HÉRITIER, P. H. et N. PLUS (1963) : «The Relationship of the Hereditary Virus of Drosophila to its Host», dans R.J.C. Harris, édit., Biological Organization at the Cellular and Supercellular Level, New York, N.Y., Academic Press.
15. MARGULIS, L. (1970) : Origin of Eukaryotic Cells, New Haven, Conn., Yale University Press.

16. MOURANT, A. E. (1971): «Transduction and Skeletal Evolution», *Nature*, **231** : 466-467.
17. MULLER, J. H. (1964): «The Relation of Recombination to Mutational Advance», *Mutat. Res.*, **1** : 2-9.
18. OPARIN, A. I., A. G. PASYNSKIL, A. E. BRAUNSHTEIN, T. E. PAVLOVSKAYA, F. CLARK et K.L.M. SYNGE (1959): *The Origin of Life on Earth*, New York, N.Y., the Macmillan Publishing Co. Inc.
19. REANNEY, D. C. (1974): «Viruses and Evolution», *Rev. Cytol.*, **37** : 21-43.
20. RENAULT, B. (1896): «Les bactéries fossiles et leur œuvre géologique», *Rev. Gén. Sci.*, **7** : 801-803.
21. RENAULT, B. (1900): «Sur quelques microorganismes des combustibles fossiles», *Bull. Soc. Industr. Minér. Saint-Étienne*, **13** : 865-868.
22. RICHMOND, M. H. et B. WIEDEMAN (1974): «Plasmids and Bacterial Evolution», *Symp. Soc. Gen. Microbiol.*, **24** : 59-85.
23. SCHOPF, W. (1975): «L'ère de la vie microscopique», *Endeavour*, **34** : 51-58.
24. SONEA, S. (1971): «A Tentative Unifying View of Bacteria», *Rev. Can. Biol.*, **30** : 239-244.
25. SONEA, S. (1972): «Bacterial Plasmids Instrumental in the Origin of Eukaryotes», *Rev. Can. Biol.*, **31** : 61-63.
26. SONEA, S. et M. PANISSET (1976): «Pour une nouvelle bactériologie», *Rev. Can. Biol.*, **35** : 103-167.
27. SONEA, S., DESROCHERS et B. KARSKA-WYSOCKI (1974): «Augmentation de l'effet bactéricide de la chaleur chez les souches polylysogènes de *Staphylococcus aureus* et *Bacterium anitratum*», *Rev. Can. Biol.*, **33** : 81-85.
28. WALCOTT, C. D. (1914): «Pre-Cambrian Algonkian Algal Flora», *Smithsonian, Misc. Coll.*, **2** : 64-68.

Organisation IV

A Au niveau cellulaire :
la cellule procaryote

Sa forme générale correspond, seulement, à trois types principaux : sphéroïdal, en bâtonnet (cylindroïdal) et spiralé. Mention doit être faite d'un type déformable, parce que dépourvu de membrane rigide : on le rencontre chez les mycoplasmes et chez les formes L. Après une évolution qui a duré trois milliards d'années, cette uniformité relative des types morphologiques est très surprenante (Fig. 4). Tout s'est passé comme si une forte concurrence avait éliminé des formes moins favorisées. Quelle qu'en soit la cause, une telle uniformité renforce l'impression d'unité du monde bactérien. Pour mieux voir les bactéries au microscope photonique, on les colore. Des colorations sélectives permettent de caractériser certains groupes particuliers. Ainsi, la coloration de Gram divise les bactéries en deux groupes, d'après la composition et les propriétés de leur enveloppe. Cette méthode de coloration est d'usage courant et a une grande importance pratique.

La cellule bactérienne :
limitée à quelques types
morphologiques et à
une taille minimale

Le plus petit diamètre de chaque cellule bactérienne est également relativement uniforme. Il s'établit autour d'un millième de millimètre ou micromètre (μm). Le centre ou l'axe géométrique de la cellule est ainsi très proche de sa surface externe, ce qui permet l'échange facile et rapide des substances nutritives nécessaires avec le milieu ambiant, ainsi que l'élimination rapide des déchets des phénomènes vitaux. Une minorité de souches bactériennes possède des cellules représentant des formes spécialisées en vue de la résistance aux facteurs défavorables de l'environnement : ce sont les spores. Les plus caractéristiques pour les bactéries (endospores) prennent naissance à raison d'une par cellule et se rencontrent seulement chez les *Clostridium*, *Bacillus* et *Sporosarcina*. Ces endospores sont parmi les cellules vivantes de loin les plus résistantes à l'usure du temps et à

Figure 4 : *Principales formes des bactéries*

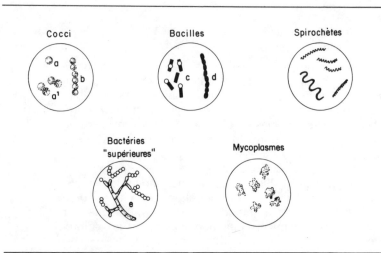

a.) coccus isolé, a¹.) diplocoques, b.) streptocoques, c.) bacilles sporulés (à spore unique = endospore), d.) streptobacilles, e.) conidiospores

l'action nocive des agents physiques et chimiques. Chez les bactéries dites supérieures on trouve des spores externes (conidies) au bout de filaments souvent aériens, chez les *Streptomyces* et *Micromonospora*.

Des différences essentielles
avec les eucaryotes qui
expliquent en grande partie
l'action des antibiotiques

La *structure fine* des bactéries que révèle le microscope électronique et l'analyse des constituants, se distingue d'une façon tranchée de celle des cellules eucaryotes (Fig. 5). Au centre d'une bactérie se trouve, condensée, une molécule d'ADN, qui déroulée, constitue une boucle d'une longueur d'un millimètre environ.

Un grand « chromosome »
et de très petits;
ces derniers sont des
« visiteurs» pouvant
se transmettre d'une
souche à l'autre

La plupart des gènes d'une cellule bactérienne se trouvent dans ce *chromosome* ou plus exactement le

Figure 5 : *Structure fine de la cellule bactérienne*

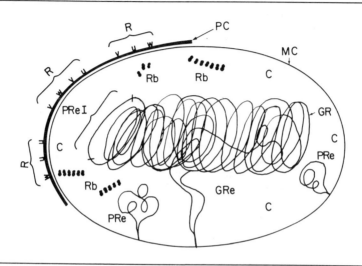

C Cytoplasme, contenant : de l'eau et en solution des sels, des sucres, des nucléotides, des acides aminés, de l'ARN de transfert et messager, des protéines, des éléments constitutifs de la paroi, etc. MC   Membrane cytoplasmique. GR   Grand réplicon, ou (grand) chromosome. En réalité beaucoup plus long (environ 1000X la longueur de la cellule) et par conséquent beaucoup plus serré. Dans sa longueur peuvent exister, insérés, des petits réplicons (PRel), le plus souvent des prophages. PC   Paroi cellulaire qui entoure, sans interruption, la membrane cytoplasmique. PRe   Petit réplicon « extrachromosomique », lui-même un petit « chromosome » (plasmide ou prophage). PRel Petit réplicon intégré au grand réplicon (prophage ou plasmide). R Recepteurs de diverses substances dont des molécules d'information. Rb   Ribosomes.

grand chromosome ou le *grand réplicon*. Il n'est pas entouré d'histones comme l'ADN des eucaryotes, mais il semble avoir d'autres protéines basiques dans son voisinage. Tout ce matériel génétique baigne dans le cytoplasme sans qu'une membrane nucléaire l'en sépare. Visibles au microscope électronique tout comme l'ADN du centre cellulaire, les *ribosomes* sont également libres dans le cytoplasme et non reliés à des membranes contrairement à ce qui se passe chez les eucaryotes. Ces ribosomes bactériens sont toujours un peu plus petits que ceux des eucaryotes et ont une structure légèrement différente. Leurs fonctions sont assez différentes de celles des ribosomes des eucaryotes pour qu'ils puissent servir de cibles à plusieurs antibiotiques qui empêchent la synthèse des protéines bactériennes.

Le cytoplasme bactérien contient toutes les autres substances nécessaires à la vie de la cellule, invisibles directement au microscope électronique. Il s'agit, en particulier, des molécules impliquées dans la synthèse des acides nucléiques et des protéines (nucléotides, ARN messager et celui de transfert, acides aminés), des substances nécessaires au métabolisme énergétique (sucres, ATP, etc.), des enzymes pour effectuer les diverses étapes métaboliques, des sels, etc. Certains *petits chromosomes*, dits aussi petits réplicons (plasmides et certains phophages) se trouvent à la périphérie du cytoplasme bactérien. Ce dernier est entouré d'une membrane cytoplasmique, constituée comme celles des eucaryotes par une mosaïque de protéines et de lipides. Elle s'en distingue, cependant, par le fait qu'à de rares exceptions près (Mycoplasmes, par exemple) elle ne contient pas de stérols, comme la membrane des eucaryotes. Ceci la rend sensible à certains antibiotiques, moins toxiques pour les eucaryotes. La membrane cytoplasmique des bactéries n'est perméable qu'à des substances à l'état soluble; elle contient les cytochromes de la cellule, en particulier dans ses sections plus développées, invaginées, appelées *mésosomes*. À ces derniers semblent s'attacher toujours (à un point particulier chacun), les grands et les petits réplicons ou chromosomes. Certains petits réplicons peuvent s'intégrer dans la longueur du grand réplicon, le «chromosome». Le cytoplasme bactérien ne contient pas de mitochondries ni de chloroplastes.

La paroi cellulaire;
une composition propre
aux bactéries

La très grande majorité des bactéries possède, à l'extérieur de leur membrane cytoplasmique, une *paroi cellulaire* rigide composée (exclusivement ou, au moins, au niveau d'une première couche interne) d'un type d'un macromolécule qui n'existe que chez les procaryotes: du *peptidoglycane*, appelé aussi *muréine* ou *mucopeptide*. C'est une substance inextensible, qui maintient la forme de la cellule. Son principal rôle est de supporter la membrane cytoplasmique et de l'empêcher d'éclater sous l'influence de la très forte pression osmotique du cytoplasme dont le contenu moléculaire est beaucoup plus concentré que celui des cellules eucaryotes, ce qui permet une croissance très rapide. La rigidité de cette paroi est assurée par une disposition en mailles, comportant dans un sens des fibrilles constituées par un polysaccharide, composé lui-même d'une succession d'acide-N-acétyle-glucosamine et d'acide muramique et, perpendiculaires, de courtes chaînes peptidiques reliant les longues molécules de polysaccharides. La composition chimique du peptidoglycane varie très peu d'une souche bactérienne à une autre et seulement au niveau des peptides constitutifs. Cette homogénéité souligne encore l'unité du monde des procaryotes. Seules les bactéries méthanogènes ne contiennent pas d'acide muramique dans leur paroi. Ce constituant essentiel de la paroi constitue la cible de plusieurs antibiotiques dont la pénicilline, qui n'est pas toxique pour les eucaryotes car ces derniers ne contiennent jamais de telles molécules. Les bactéries dites à Gram négatif constituent un groupe très important du point de vue de leur paroi cellulaire.

La paroi cellulaire des bactéries à Gram négatif; plus complexe, elle favorise les échanges de gènes entre souches assez différentes, à l'aide de la conjugaison

Elle comporte deux autres couches qui s'ajoutent à celle qui est formée de peptidoglycane. Elles sont composées de complexes très résistants, glucido-lipidiques et lipido-protéiniques. Entre ces couches, il existe des espaces dans lesquels des exoenzymes bactériennes s'attaquent à des substances de haut poids moléculaires. Du fait même de leur complexité, ces parois cellulaires permettent les échanges de gènes les plus étendus comportant parfois des souches très différentes, réalisés par contact physique entre cellules. Ils se produisent à l'aide des *pili de conjugaison*, longs microtubules protéiniques projetés vers l'extérieur de la cellule de bactéries à Gram négatif qui possèdent des plasmides de conjugaison (voir chapitre VI).

Celles parmi les bactéries qui sont douées de mobilité dans les liquides et les gels dilués, possèdent, également, à leur surface de longs filaments mobiles (*cils* ou *flagelles*) constitués d'une seule protéine propre à chaque souche. Leur nombre et leur localisation varient aussi suivant les différents groupes de bactéries.

La paroi cellulaire de certaines bactéries est entourée d'une couche mucilagineuse dont la surface externe est lisse, la *capsule*. Le plus souvent cette dernière est composée de polysaccharides, rarement de peptides.

Chez d'autres bactéries la couche mucilagineuse possède une surface rugueuse pouvant se coller à une couche irrégulière. Elle s'appelle zooglée (*Slime* en anglais) et joue un rôle important dans les phénomènes d'adhérence.

Chez les bactéries dites *supérieures*, en particulier chez les Actinomycetales, les cellules peuvent rester attachées les unes aux autres et former des ramifications aux branches primitives. Elles peuvent se différencier sous la forme de tiges microscopiques dressées (hyphes) sur la surface où elles se multiplient. Elles portent des spores multiples, aériennes. Comme nous l'avons mentionné, ces spores se forment donc d'une façon différente de celles qui sont produites une à la fois par une seule cellule (endospores) et elles n'ont pas une résistance aussi marquée.

Les bactéries contiennent à leur surface de nombreux récepteurs pour diverses substances, en particulier pour les molécules d'information ou de communication

Toutes les bactéries possèdent à leur surface des formations ayant un rôle de récepteurs pour diverses substances, entre autres, pour des fragments d'ADN, pour des bactériophages et des bactériocines. Les deux premières peuvent être considérées comme étant des molécules d'information et de communication.

B   Les équipes coordonnées de bactéries
    — division du travail

Pour leur plus grande majorité, les bactéries restent à l'état unicellulaire. Elles n'adhèrent pas à d'autres bactéries du même type et encore moins à d'autres types pour réaliser des formations, des ensembles morphologiques importants, visibles à l'œil nu ou au microscope. Le microscope électronique à balayage et quelques autres techniques spécialisées ont pu, cependant, montrer dans des cas rares mais évidents, que des bactéries adhéraient dans un ordre défini à des surfaces pour éviter

d'être emportées par des courants liquides, en particulier.
C'est le cas des bactéries qui tapissent les pierres et les
plantes dans le lit des cours d'eau. Les bactéries de la flore
normale de l'intestin et celles de la plaque dentaire
affectent de semblables arrangements. Cependant, les
grandes équipes de bactéries du sol, du rumen, celles qui
s'attaquent aux cadavres animaux et, en particulier celles
qui effectuent l'épuration des eaux usées ne s'imposent
aucunement à l'œil ou en microscopie en tant que formations morphologiques spéciales. La découverte de ces
équipes de souches différentes a eu comme origine l'étude
de leurs propriétés enzymatiques complémentaires. Cette
complémentarité permet à certaines souches bactériennes
d'agir simultanément. Dans d'autres cas, il s'agit d'une
succession d'activités, en cascade, chaque type métabolique poursuivant le travail (par exemple, la décomposition d'un cadavre) au stade même où l'équipe précédente a terminé le sien. Dans ces derniers cas, on peut
mieux observer l'action particulière des équipes qui se re-
laient car la composition bactérienne de l'équipe change
à chaque phase de l'activité poursuivie jusqu'à son
achèvement.

C   L'ensemble bactérien planétaire :
    le superorganisme à cellules très
    différenciées associées par
    des communications permanentes

La conception même des fonctions d'un ordre supérieur pour le monde des bactéries commence à peine à
être acceptée. Elle suppose, en effet, que ces fonctions
correspondent à une organisation de même niveau. Cependant, l'ensemble planétaire des bactéries non plus que
ses innombrables équipes, pourtant bien réelles, ne comportent pas de structures anatomiques complexes ni d'organes visibles correspondant à ces activités supérieures.

> Échanges de molécules
> d'information et de
> communication entre
> toutes les bactéries

Ces fonctions sont réalisées grâce à des moyens relativement simples, à la faveur d'échanges de molécules
d'information et de communication. Chaque cellule bactérienne garde un potentiel d'émettre des gènes et d'en

recevoir : c'est un véritable poste récepteur-émetteur! Les mécanismes d'échange ont un potentiel tout à fait exceptionnel. Il est indispensable de faire un effort d'imagination pour comprendre, en partie, cette organisation *efficace* d'êtres vivants dont les liaisons exclusivement *fonctionnelles* nous demeurent invisibles. Au fond, les bactéries sont ubiquitaires sur la Terre. Elles possèdent, grâce à l'accessibilité des gènes de toutes les autres souches un *immense génome potentiel commun* qui est dispersé dans toutes les cellules procaryotes de la Terre, donc morphologiquement non structuré. La distribution des différents gènes de ce génome planétaire dans les diverses cellules a un long passé. Son résultat a été le développement de souches fortement différenciées, bien adaptées à leur environnement.

Division du travail et une
différenciation entièrement
originale

Elles réalisent une division du travail très poussée, effectuée le plus souvent par un mélange de cellules qui se voisinent sans groupement précis. Cette différenciation des cellules du clone planétaire est très stable, mais peut se modifier en vue de s'adapter à une situation critique par redistribution adéquate des gènes du génome potentiel commun. Comme nous l'avons mentionné, nous pouvons mieux comprendre cette différenciation originale si nous considérons que chaque bactérie possède seulement une infime quantité des gènes accessibles du génome commun de toutes les bactéries. Si, par échange de gènes le grand chromosome (grand réplicon) se modifie, c'est une modification nouvelle à long terme, s'il y a gain ou perte de petits chromosomes (petits réplicons), donc de prophages ou de plasmides, il s'agit d'une nouvelle différenciation à court terme. Les petits réplicons communs à des milliers de souches différentes constituent des ponts de solidarité génétique, preuve directe d'une organisation de type supérieur. Le tout est dans un état dynamique et, si cela est nécessaire, il y aura redifférenciation. Ces redifférenciations, tout autant que l'aptitude à résoudre certains problèmes spécifiques se poursuivent de nos jours, sans interruption, entre bactéries. Ils n'ont cependant de suites importantes que si besoin est. Dans les autres cas, des changements à peine esquissés en milliards d'exemplaires par jour n'ont pas de suite, dilués dans la masse des cellules bactériennes mieux douées depuis longemps. La base matérielle de ces possibilités est constituée par le fait que chaque cellule bactérienne possède des systèmes complexes d'émission et de réception de molécules d'information et de communication. Presque toutes les souches contiennent, en effet, au moins un prophage, dont une partie de leurs cellules en se lysant sèment autour d'elles des phages tempérés transporteurs de gènes d'une cellule bactérienne à une autre. Comme nous l'avons vu, la cellule bactérienne porte à sa surface un grand nombre et une grande variété de récepteurs sur lesquels les phages et des bactériocines peuvent se fixer et parfois aussi des récepteurs pour l'ADN, ce qui permet la transformation. Les cellules bactériennes possèdent donc, en plus de leur structure qui leur assure leur propre vie autonome très spécialisée, des moyens exceptionnels assurant des échanges de gènes qui jouent, entre elles, comme nous l'avons dit, le rôle de molécules de communication et d'information.

Un véritable réseau
de communication
chez les bactéries

La comparaison s'impose entre ces moyens d'échanges réciproques et un réseau très complexe d'installations humaines d'émission et de réception d'informations. Ces dernières se sont effectuées au cours des siècles, à distance, à l'aide de signaux visibles et plus tard, à l'aide de rayons invisibles. Cependant, comme pour beaucoup d'autres fonctions bactériennes, des périodes d'activité frénétique sont entrecoupées d'épisodes parfois prolongés de quiescence, de vie au ralenti; ces derniers caractérisent les phases de stabilité. Le maximum d'activité d'échanges de gènes correspond à des circonstances nouvelles défavorables ou potentiellement favorables. Cette capacité de réagir rapidement et de façon très efficace s'est révélée, au cours des dernières années quand l'utilisation massive d'antibiotiques variés en thérapeutique ou dans les élevages d'animaux et d'agents chimiques divers en agriculture ont créé de telles pressions sélectives que les gènes favorables à la survie se sont déplacés successivement, le long de nombreux circuits pour atteindre, finalement, les bactéries qui en avaient besoin. Cet acheminement des gènes a été difficile à dépister, autrement que par des moyens épidémiologiques et par

Figure 6 : *Principaux endroits de forte concentration bactérienne : Rôle prépondérant du sol.*

FIG. 6 :   Le sol fertile et le contenu du tube digestif des animaux renferment au-delà d'un milliard de bactéries par millilitre. La vase au fond des rivières au cours lent, des marécages des lacs et des mers, semble en contenir des concentrations presqu'aussi fortes. La majorité de ces bactéries agissent localement en équipes de souches différentes manifestant une division efficace du travail. Dans cette figure schématique sont représentées en noir les fortes concentrations bactériennes dans la nature : le tube digestif des petits animaux est représenté par des points noirs sans esquisser les sujets respectifs. Les animaux très mobiles (oiseaux migrateurs, grands poissons, certains insectes) contribuent à faire communiquer les flores bactériennes éloignées géographiquement. Toutes les surfaces qui nous entourent contiennent aussi des bactéries ou des spores bactériennes. Leur nombre est beaucoup moins élevé que dans les endroits de grandes concentrations bactériennes. Cependant, ces surfaces sont recouvertes d'un véritable film bactérien invisible. Cette couche de moindre concentration n'est pas représentée sur notre figure. On peut considérer dans le cadre des fonctions bactériennes d'ensemble que le grand réservoir du sol et du fond des eaux constitue l'immense « ordinateur » bactérien central. Les innombrables tubes digestifs des animaux (des plus grands aux plus petits) constituent des « sous-centrales » de ce superorganisme planétaire.
Les souches isolées, en dehors de ces grandes zones de concentration participent moins aux échanges de gènes entre souches. Elles bénéficient, de ce fait, très probablement dans une moindre mesure de la solidarité de toutes les bactéries.

les nouvelles connaissances sur la génétique bactérienne. Autrement ces activités bactériennes auraient été tout aussi mystérieuses que s'il avait existé à la surface de la Terre une gigantesque fourmilière dont les fourmis seraient demeurées invisibles tout en exerçant leurs diverses et importantes activités sociales.

« Respectabilité » de l'entité
bactérienne planétaire,
un véritable
superorganisme

Alors que les fourmis forment une société organisée constituée de petits animaux visibles, les bactéries, elles, forment une société de cellules invisibles à l'œil nu, beaucoup plus dispersées et, au besoin, beaucoup plus efficaces, car encore plus solidaires. Avec leur génome potentiel commun, ainsi qu'avec leur origine commune, il est vraiment possible de parler pour ce qui est des bactéries, d'un superorganisme véritable, équivalent à un immense et très ancien clone (Fig. 6).

Bibliographie

1. BAK, L. A., C. CHRISTIANSEN and A. STENDERUP (1970) : « Bacterial Genome Sizes Determined by DNA Renaturation Studies », J. Gen. Microbiol., 64 : 377-380.

2. BARKSDALE, L. (1959) : « Symposium on the Biology of Cells Modified by Viruses or Antigens », *Bacteriol. Rev.*, **23** : 202-228.
3. BRADLEY, D. E. (1967) : « Ultrastructure of Bacteriophages and Bacteriocins », *Bacteriol. Rev.*, **31** : 230-314.
4. COSTERTON, J. W., J. M. INGRAM et K. J. CHENG (1974) : « Structure and Function of the Cell Envelope of Gram-negative Bacteria », *Bacteriol. Rev.*, **38** : 87-112.
5. DATTA, N. et R. W. HEDGES (1972) : « Host Ranges of R factors », *J. Gen. Microbiol.*, **70** : 453-460.
6. GUNSALUS, I. C., M. HERMANN, W. S. TOSCANO Jr., D. KATZ et G. K. GARY (1975) : « Plasmids and Metabolic Diversity », dans D. Schlessinger, édit., *Microbiology-1974*, Washington, American Soc. for Microbiol.
7. LWOFF, A. (1953) : « Lysogeny », *Bacteriol. Rev.*, **17** : 209-337.
8. MURRAY, R.G.E. (1962) : « Fine Structure and Taxonomy of Bacteria », dans G. C. Ainsworth et P.H.A. édit. Sneath, *Microbial Classification* Londres, Cambridge University Press.
9. RICHMOND, M. H. (1970) : « Plasmids and Chromosomes in Prokaryotic Cells », dans H. P. Charles et B.C.J.G. Knight, édit., *Organization and Control in Prokaryotic and Eukaryotic Cells*, Londres, Cambridge University Press.
10. ROGERS, G. J. et H. R. PERKINS (1968) : *Cell Walls and Membranes*, Londres, E. & FN Spon, Ltd.
11. RYTER, A. (1968) f: « Association of the Nucleus and the Membrane of Bacteria : a Morphological Study », *Bacteriol. Rev.*, **32** : 39-63.
12. SONEA, S. (1971) : « A Tentative Unifying View of Bacteria », *Rev. Can. Biol.*, **30** : 239-244.
13. SONEA, S. et M. PANISSET (1976) : « Pour une nouvelle bactériologie », *Rev. Can. Biol.*, **35** : 103-167.
14. SCHLEIFER, K. H. et O. KANDLER (1972) : « Peptidoglycan Types of Bacterial Cell Walls and their Taxonomic Implications », *Bacteriol. Rev.* **36** : 407-421.

Activités bactériennes ; V
présence de trois niveaux

Les bactéries se trouvent surtout sous forme de cellules individuelles et presque toutes les méthodes que l'on utilise pour les étudier sont basées sur l'*obtention de cultures pures*, à partir d'une cellule isolée qui peut se multiplier au laboratoire dans de rigoureuses conditions d'asepsie. Par conséquent, les microbiologistes ont centré leurs efforts sur les aspects cellulaires et moléculaires des bactéries et ont, en général, négligé l'étude de leurs activités de groupe.

Nous réalisons maintenant que, malgré leur autonomie évidente, la plupart des bactéries possèdent également un potentiel «social». Elles s'associent facilement aux activités d'autres êtres vivants et, en particulier, d'autres souches bactériennes. Pour beaucoup d'espèces bactériennes des épisodes d'autonomie relative sont suivis d'autres au niveau d'équipes assez bien structurées, qui comportent une division évidente du travail. À l'exception de certaines souches rares qui vivent entièrement isolées (comme certaines souches parasites et d'autres qui sont autotrophes), la majorité des bactéries participe à des équipes qui sont capables d'activités plus complexes : fertilisation du sol, digestion de la cellulose dans le tube digestif des ruminants, etc. De plus, par leur participation à un génome potentiel commun et par les échanges efficaces de molécules d'information, toutes les bactéries de la Terre sont solidaires et manifestent face à d'urgentes nécessités, une capacité supérieure de résoudre des problèmes. Les cellules bactériennes, isolées ou en équipes ainsi que le superorganisme bactérien coopèrent ainsi souvent à plusieurs niveaux dans l'accomplissement de leurs activités.

A   La multiplication, principale activité

Toutes les bactéries se multiplient sans frein si les conditions sont favorables. Loin de constituer un élément de désordre absolu, cette multiplication, dès que les conditions sont favorables, établit dans le monde bactérien des règles qui lui assurent une grande efficacité par des méthodes d'une remarquable originalité. La concurrence qui en découle exerce son influence sur les trois

niveaux d'activité et en constitue un des principaux mécanismes. Pour réussir, dans un monde aussi compétitif, la
plupart des souches bactériennes a acquis des potentiels
exceptionnels de métabolisme et de croissance à des
vitesses qui dépassent de loin les possibilités des eucaryotes. Ceci les expose également, à des alternances d'abondance et de disette, sauf dans des milieux exceptionnels
qui renouvellent, de façon continue, les ressources
nutritives.

B   Importance de la génétique et des communications

En plus d'assurer la transmission intégrale des formules
d'organisation de la matière vivante aux cellules-filles,
le matériel génétique des bactéries leur permet de s'adapter constamment à tout changement du milieu. Cette
adaptation est réalisée surtout au moyen des petits réplicons, spécialisés dans cette fonction de l'hérédité par des
échanges de gènes entre diverses souches. Pour l'ensemble des bactéries de tels échanges constants de gènes
entre diverses souches équivalent également à un système
efficace de communication entre ses diverses parties grâce
aux molécules d'information que sont les gènes. Ceci
aboutit à des mécanismes qui rappellent ceux du système
nerveux de l'animal, voire de ceux d'un véritable ordinateur biologique.

C   Principaux mécanismes

1)   La grande majorité des fonctions bactériennes est
effectuée par l'intermédiaire d'enzymes. Elles participent
à la synthèse des macromolécules, donc à la croissance
et à la multiplication des bactéries. Les exoenzymes mo-
difient les substances du milieu environnant. Des endoen-
zymes assurent le catabolisme des molécules présentes
dans le cytoplasme. C'est la complémentarité des enzymes des diverses souches qui permet la division du travail
qui assure le bon fonctionnement des équipes bactériennes. La coordination des activités intracellulaires se
fait par une action sur la synthèse des enzymes et aussi
sur leur degré d'activité.

2)   Un mécanisme typiquement bactérien est la combinaison d'un échange continu de gènes entre les diverses souches et la sélection également permanente qui

s'exerce entre elles; ceci augmente en nombre les cellules et les petits réplicons qui portent les gènes les plus favorables selon les circonstances. Comme résultat, le gène portant l'information correspondant à chacune des circonstances particulières augmente en nombre et est échangé de préférence aux autres le long des circuits les plus favorables à ce processus. C'est, en même temps, une « mini-évolution » et une différenciation pour les souches touchées et une façon de résoudre des problèmes complexes pour l'ensemble bactérien. Il s'agit également d'un système de communication entre les diverses parties de l'entité bactérienne mondiale. La capacité de ce système qui se rapproche d'un ordinateur biologique permet une coordination extrêmement efficace au niveau des grands ensembles de bactéries, voire au niveau de la planète.

Fonctions bactériennes VI

A Au niveau cellulaire
   (multiplication, génétique,
   nutrition, sources d'énergie)

1. Généralités Les bactéries mènent une vie marquée par leur état unicellulaire et leur dépendance d'un environnement liquide ou gélifié. Dans un tel milieu *ouvert*, elles rencontrent souvent d'autres êtres vivants avec lesquels elles coexistent (elles sont en concurrence permanente mais elles en tirent souvent bénéfice). Elles établissent ainsi assez facilement des associations plus ou moins développées. Les bactéries entièrement indépendantes autant que celles entièrement dépendantes d'autres êtres vivants sont plutôt l'exception. Nous avons vu que l'association la plus courante est l'équipe bactérienne, cependant dans ce sous-chapitre nous essayons d'envisager les fonctions de la cellule bactérienne elle-même.

Comme nous l'avons mentionné, une multiplication rapide et sans frein constitue la principale activité des bactéries. Elle permet de faire face à la concurrence qui est souvent très forte dans les milieux où elles vivent.

Une spécialisation poussée permet à chaque cellule bactérienne de se développer mieux que d'autres organismes dans les niches écologiques qu'elle rencontre et dans lesquelles elle doit dépasser en efficacité d'autres êtres vivants. Cette spécialisation extrême est due à une différenciation de type procaryote donc par diminution du nombre de gènes *intracellulaires* à un minimum, très adapté en vue du milieu particulier où vivent ces bactéries. Ces gènes en nombre limité peuvent être remplacés, si nécessaire, grâce à la capacité de chaque cellule bactérienne d'avoir accès par des échanges de gènes qui appartiennent à d'autres souches. La sélection permanente assure une survivance des cellules les mieux pourvues pour le milieu où elles se trouvent.

2. Croissance et multiplication La plupart des bactéries doublent leur masse, en trente minutes approximativement, si les conditions sont favorables. L'obtention de l'énergie nécessaire pour réaliser la synthèse de tous les constituants d'une cellule se fait par une variété beaucoup plus grande de mécanismes que celle rencontrée chez les eucaryotes. La synthèse des macromolécules et des autres composants se fait avec les mêmes mécanismes que ceux des eucaryotes et quelques autres typiquement bactériens. Sous le contrôle génétique, cette croissance se fait avec précision, en vue de faire deux copies identiques de la cellule, établies à côté l'une de l'autre, pour pouvoir finalement s'en séparer. En général, les petits «chromosomes» ou petits réplicons suivent le rythme de dédoublement du grand «chromosome» ou grand réplicon. Un mécanisme particulièrement remarquable est celui de l'augmentation progressive de la paroi cellulaire qui, tout en ayant des zones dispersées de croissance, arrive, en remplaçant certains anciens secteurs, à changer la forme rigide qui enveloppe une cellule dans deux enveloppes finalement séparées, sans mettre en danger, pendant les courtes périodes de discontinuité, le contenu des cellules. Cette forme particulière de parthénogénèse par séparation transversale des bactéries allongées s'appelle scissiparité. Chez certaines bactéries supérieures, la multiplication peut s'effectuer par formation de nombreuses spores. Les mycoplasmes, dépourvus de paroi cellulaire, se divisent plutôt en plusieurs cellules d'un seul coup à partir d'une cellule agrandie, comme nous l'avons déjà mentionné. Contrairement à ce qui se passe chez les eucaryotes, toutes les cellules bactériennes, malgré leur différenciation marquée, sont en mesure de se multiplier à l'infini. De la même façon chez les bactéries, il n'y a pas de coïncidence entre les échanges de gènes et la multiplication comme c'est le cas chez les individus sexués. De plus, les populations s'accroissent si vite et les pertes de vie se compensent si rapidement chez les bactéries que toute souche peut perdre par la mort une certaine proportion de ses cellules sans aucune conséquence pour son avenir. D'autre part, toutes les activités bactériennes sont suspendues par les facteurs bactériostatiques, en même temps que la multiplication, en particulier la libération d'enzymes. Les aliments sont ainsi protégés contre la décomposition par la réfrigération et surtout la congélation. L'élévation de la température vers la normale et, bien entendu, la décongélation entraînent la reprise de la multiplication bactérienne et, en conséquence, des processus de décomposition. Dans les conditions naturelles, la succession des saisons froide, tempérée et chaude est depuis toujours accompagnée de la même alternance des effets sur la vie microbienne. Au contraire, dans les régions désertiques, c'est le manque d'eau qui empêche les bactéries de se multiplier pendant de longues périodes. Dans d'autres, la saison des pluies alterne avec une sécheresse. Dans tous les cas, l'activité des bactéries sur place recommence dès que les conditions du milieu deviennent à nouveau favorables. L'aptitude à la formation de spores favorise particulièrement ces rythmes de vie.

En résumé, une cellule bactérienne n'agit à titre individuel qu'en vue de se multiplier. Survie et multiplication représentent ainsi les fonctions essentielles des bactéries isolées.

3. Génétique a) *Principales caractéristiques de la génétique bactérienne.* Les bactéries sont toutes des cellules germinatives qui se trouvent dans des milieux ouverts donc en compétition avec d'autres êtres vivants et subissent rapidement les effets d'une pression sélective.

La grande vitesse de multiplication des bactéries permet dans des conditions légèrement favorables à une seule bactérie d'avoir des descendants extrêmement nombreux en peu de temps et sur des quantités relativement faibles de milieu nutritif. Pour les bactéries pathogènes, la sélection exercée par les défenses naturelles de l'hôte constitue un facteur favorable qui les met à l'abri de la concurrence des nombreuses espèces bactériennes non pathogènes.

À cause de ces circonstances et du fait que les principales fonctions bactériennes intracellulaires s'exercent à l'aide d'enzymes, donc de protéines sous le contrôle direct des gènes, la génétique est directement reliée à toutes les fonctions bactériennes sans l'intervention d'un grand nombre d'autres mécanismes de régulation. Le taux de mutation habituel chez les bactéries ne diffère pas sensiblement de celui de toute cellule vivante, étant en général de l'ordre d'une mutation par 1 000 000 de cellules vivantes à l'occasion d'une génération (la plupart de ces mutations se font par perte d'un gène et en pratique par la perte de la capacité de synthétiser une enzyme). Ceci constitue le plus souvent un inconvénient pour la bactérie et la mutation cause sa mort, sauf dans les rares cas où elle lui confère un avantage.

Comme nous l'avons vu, la grande vitesse de multiplication par simple dédoublement permet à toute cellule qui possède une formation génétique valable et appropriée aux conditions données, de commencer à se multiplier sans l'aide d'une autre cellule de la même espèce. Cette parthénogénèse assure le dédoublement identique et la perpétuation du même modèle original (donc la *stabilité*).

Il faut se rappeler que l'hérédité a deux raisons d'être :

1) la première : de transmettre, identique, l'information d'une organisation de la matière vivante qui a déjà fait ses preuves dans le cas d'une espèce ou d'un être vivant : *stabilité, copie fidèle* chez les cellules filles.

2) la deuxième : de trouver la capacité d'améliorer ou de modifier cette information en vue de profiter de nouvelles conditions favorables ou de pouvoir survivre à de nouvelles conditions défavorables : expérimentation (*évolution* ou *adaptation temporaire*).

Toute l'information génétique absolument nécessaire à la survie et à la copie identique de la formule réussie dans les cellules filles est due, chez les bactéries, à une molécule d'ADN bicaténaire sous forme de filament fermé en boucle qu'on appelle le «*chromosome*» ou le *grand réplicon*. Comme il n'y a pas deux gènes pour une propriété, la cellule étant haploïde, il n'y a pas de traits génétiques récessifs, ce qui permet d'habitude la manifestation rapide phénotypique de chaque propriété héréditaire nouvellement acquise.

L'information génétique qui favorise les échanges de gènes entre cellules bactériennes et, par conséquent, les changements, se trouve groupée dans des «*petits chromosomes*» appelés plutôt des *petits réplicons*, dont un ou plusieurs représentants se trouvent dans presque toutes les souches dans la nature. Il s'agit des prophages et des plasmides. Ils sont constitués par des molécules tout à fait similaires à celle du grand réplicon, mais des centaines de fois plus courtes et contenant d'autres gènes. Comme les petits réplicons s'acquièrent et se perdent facilement, les rares bactéries qui n'en contiennent pas sont probablement à la phase qui précède l'arrivée d'un petit réplicon. Des séquences d'insertion et des transposons permettent des échanges faciles *intracellulaires*, entre les divers réplicons de la cellule bactérienne, donc les gènes peuvent s'y déplacer pour se stabiliser dans le réplicon le plus approprié pour les circonstances.

Nous avons vu que, contrairement au génome des eucaryotes supérieurs qui est réprimé à environ 95% dans toutes leurs cellules, qui sont ainsi différenciées par répression de la majorité des gènes du clone respectif (animal ou plante), chez ces bactéries, l'immense majorité des gènes d'une cellule est exprimée phénotypiquement durant sa vie. Les bactéries se sont spécialisées (différenciées) surtout par une redistribution des gènes de tout le monde bactérien suivant les besoins, en éliminant de chaque cellule presque tout gène inutile.

b) *Le principal caractère de l'hérédité chez les bactéries est le transfert facile de gènes d'une cellule à une autre* (toujours unidirectionnels, d'un donneur à un receveur) *entre diverses souches.* Les mécanismes en cause sont les suivants :

La transformation est une façon de transmettre du matériel génétique d'une souche bactérienne à une autre à l'aide de fragments d'ADN d'une bactérie vivante ou morte qui passent, en solution, dans le milieu extérieur et pénètrent ensuite dans une cellule bactérienne d'une autre souche où ils s'intègrent à un réplicon, d'habitude le « chromosome » (grand réplicon). L'ADN peut pénétrer seulement dans certaines cellules bactériennes appartenant à une partie des espèces et seulement dans les cellules qui présentent des sites récepteurs pour l'ADN à leur surface. Ces bactéries sont dites compétentes. Chez une cellule bactérienne « compétente », il y a environ de 10 à 20 sites de pénétration, contenant des récepteurs favorables, et il y a une substance qui est un *activateur* qui peut conférer la compétence à la cellule qui le synthétise — ou aux cellules voisines —, voire à l'augmenter. L'ADN ainsi pénétré pourra par la suite remplacer par une *recombinaison* une courte information génétique sur le génome de la bactérie réceptrice, par un fragment d'ADN de la bactérie donatrice présentant une zone d'homologie. Il s'agit donc d'un remplacement et non pas d'une addition de matériel génétique.

Cette transmission du matériel génétique réduit à quelques gènes se fait avec une fréquence assez faible, le plus souvent de l'ordre de 10^{-6}. Dans des conditions *expérimentales* exceptionnelles sa fréquence peut atteindre 5% des cellules exposées aux fragments de l'ADN en solution concentrée. En général, les échanges génétiques par transformation entre cellules bactériennes se font d'une souche à une autre à l'intérieur de la même espèce ou entre espèces voisines. La principale barrière pour une transformation bactérienne est la paroi cellulaire qui offre

des « ouvertures » seulement chez les cellules compétentes. Chez les bactéries à paroi cellulaire altérée, incom-
plète ou absente (protoplastes, sphéroplastes, forme L,
mycoplasmes), il semble théoriquement possible de réaliser des transformations à condition de trouver des zones
d'homologie entre les « réplicons » de la bactérie réceptrice et entre le fragment d'ADN provenant d'une autre
bactérie. De plus, les enzymes de restriction empêchent
partiellement l'acceptation de l'ADN étranger. Cependant,
leur action peut être éventuellement compensée par une
enzyme de modification.

La *transfection* est un phénomène similaire à la transformation. Il s'agit de la pénétration et de l'acceptation
par une bactérie de l'ADN soluble d'un petit réplicon
intact : prophage ou plasmide provenant d'une autre
cellule bactérienne. Dans ces cas, le génome de ce petit
réplicon s'attache à un site dans la cellule respective
comme s'il était arrivé dans la forme « infectieuse » normale. Il n'y a donc pas de recombinaison dans les cas
de transfection, c'est une addition d'un petit réplicon.

La *lysogénisation* est le transfert d'un prophage d'une
bactérie à une cellule d'une autre souche. Ceci se fait
assez rarement dans la nature par transfection comme
nous venons de le mentionner. D'autre part, ce transfert
se fait couramment chez presque tous les procaryotes par l'intermédiaire d'une forme « infectieuse » du
prophage qui est le bactériophage ou le phage tempéré.
Dans une souche contenant un prophage, dite souche
lysogène, la très grande majorité des cellules bactériennes
se multiplient normalement tout en permettant au
prophage qu'elles contiennent de se dédoubler au même
rythme que le chromosome bactérien, dans la continuité
duquel il est parfois intégré. Dans la même couche, une
infime minorité (10^{-2} à 10^{-4}) de ces bactéries permet au
génome du prophage de déclencher une multiplication
propre en vue de son transfert possible. En exprimant
les gènes de transfert du prophage, il y aura formation
de polymérases pour la synthèse de son génome suivie de
la synthèse des protéines de constitution (des têtes et des
queues des futurs phages), ensuite la synthèse des enzymes d'assemblage qui formeront les phages complets :
le génome du prophage à l'intérieur de la « tête » protéique
et attachée à un tube de protéines, la queue. Le tout
sera suivi par la lyse de la bactérie et la libération

de nombreux phages infectieux. Ce phénomène s'appelle *induction naturelle ou spontanée.* Les phages tempérés libérés de cette façon peuvent injecter leur génome chez des cellules bactériennes de souches différentes qui ont des récepteurs qui leur permettent de fixer leurs «queues» en vue de cette injection. Le génome d'un prophage ainsi arrivé peut se trouver un site d'attachement et rester à titre de prophage ou il peut obliger la cellule sensible à produire à son tour des phages infectieux identiques à celui qui a effectué l'injection de son génome.

On dit que la cellule bactérienne qui vient de recevoir un prophage est lysogénisée.

Les principales caractéristiques d'une culture lysogène sont dues aux gènes exprimés par le prophage qu'elle porte. L'ensemble de ces changements s'appelle conversion lysogène ou bactériophagique. Les plus fréquents sont les suivants :

«*L'immunité*» est un phénomène toujours présent chez les souches lysogènes. Elle n'a aucune relation avec la vraie immunité des vertébrés ; c'est une résistance particulière des cellules lysogéniques à la multiplication des phages dont le génome est identique ou apparenté au prophage présent. «L'immunité» est due à la répression des gènes du prophage responsable de son transfert et des gènes très similaires. Elle est réalisée par l'action d'un répresseur, une protéine qui est la première substance synthétisée après l'arrivée du prophage.

L'information respective est portée par un gène du prophage. Sous l'influence du répresseur, il n'y a pas de synthèse des polymérases nécessaires à la synthèse abondante du génome du prophage, ni synthèse des constituants protéiques des phages. Dans ces cas, le prophage se divise en même temps que le chromosome de la bactérie respective. Cette «immunité» est différente aussi de la résistance aux phages ; cette dernière est due à l'absence de récepteurs spécifiques pour certains phages à la surface des bactéries.

D'autres manifestations de la conversion lysogénique sont les suivantes :

La synthèse de plusieurs toxines bactériennes qui sont des protéines pures.

La synthèse d'enzymes, variant d'un prophage à un autre.

La synthèse de certaines molécules qui constituent des récepteurs pour des phages, à la surface des parois cellulaires.

Souvent les antigènes de surface des bactéries sont ainsi modifiés selon la conversion phagique.

Il est assez curieux que la conversion ne soit presque jamais responsable de la résistance à des antibiotiques.

La conversion bactériophagique est un des principaux modèles théoriques pour expliquer, par extrapolation, l'origine virale du cancer. Ce qui est appelé «conversion» chez les bactéries est appelé «transformation» virale dans le cas des cellules d'eucaryotes.

La transduction constitue un autre mécanisme important d'échange entre souches bactériennes différentes. Elle est basée sur le fait que les phages tempérés, à l'occasion de leur assemblage, peuvent englober dans leurs têtes à la place du génome du prophage n'importe quel fragment d'ADN provenant de la cellule bactérienne qui forme ces phages, à la condition que ce fragment d'ADN ne soit pas plus gros que le génome du phage respectif, qu'il remplace souvent en partie ou en totalité. Les «phages» qui en résultent peuvent tout aussi facilement injecter l'ADN des autres réplicons de la cellule bactérienne à une bactérie sensible. Les fragments d'ADN qui ne constituent pas de petits réplicons une fois injectés par le phage dans une bactérie doivent trouver une région homologue sur un réplicon, d'habitude le «chromosome» bactérien et remplacer par recombinaison des gènes qui s'y trouvent par ceux des fragments d'ADN apportés par les phages. Donc chaque souche lysogène libère par induction spontanée un nombre assez important de phages, parmi lesquels il y a un nombre important qui transmettent à la place du génome du prophage, un fragment d'ADN provenant des autres réplicons de la même souche. Si les quelques gènes ainsi arrivés remplacent favorablement les anciens de la zone d'homologie, la cellule bénéficiera de cette transduction.

On peut imaginer facilement des circonstances où le rôle de la transduction est encore plus spectaculaire. Par exemple, une des nombreuses souches lysogènes présentes dans un marécage a épuisé en bonne partie son substrat nutritif mais pourrait s'attaquer à un autre resté très abondant si elle avait une enzyme appropriée. Comme les conditions lui sont ainsi temporairement défavorables, l'induction spontanée augmente et un nombre accru de phages est libéré dans le milieu. Sur les millions de phages ainsi libérés, plusieurs centaines ou des milliers arriveront dans un autre marécage où une autre souche assez voisine physiologiquement et sensible aux phages aura plusieurs de ses cellules infectées par l'ADN des phages. Chez la majorité des cellules de cette souche sensible, l'ADN du phage une fois pénétré ne s'installera pas comme prophage, car la synthèse du répresseur n'aura pas le temps de se faire avant le déclenchement du cycle lytique donc de l'expression des gènes de transfert du génome du phophage. Une partie des phages libérés par ces cellules sensibles injectera tout de suite d'autres cellules de la même souche et bientôt il y aura des dizaines de milliers ou même des millions de phages libérés, dont une bonne partie contiendra des gènes des réplicons de cette souche et en particulier le gène qui pourrait rendre de grands services à la souche originelle qui a lancé les phages pendant qu'elle était en détresse. Si un bon nombre de phages contenant ce gène retourne à la souche d'origine et le lui injecte, il y aura probablement transduction avec effet très favorable pour cette souche auparavant en dificulté.

En plus de transmettre des fragments des réplicons bactériens par le mécanisme de transduction, les phages peuvent assembler dans leur «tête» et injecter, à une bactérie qui possède les récepteurs nécessaires, des petits réplicons intacts : d'autres prophages, des plasmides de conjugaison et surtout des plasmides non autotransférables. Dans ces cas, la transduction se fait d'habitude à une fréquence plus grande que celle de 10^{-6} qui est valable pour les fragments du réplicon qui doivent remplacer une zone d'homologie sur un des réplicons présents dans la bactérie injectée. Un petit réplicon ainsi injecté doit simplement se trouver un site d'attachement, sur un autre réplicon ou sur la membrane cytoplasmique. Dans ces cas, la transduction ajoute tous les gènes du petit réplicon transmis à la cellule réceptrice. Chez les bactéries à Gram positif, en particulier chez les staphylocoques, c'est par ce mécanisme que les résistances à divers antibiotiques se sont transmises. On voit que les plasmides non autotransférables sont de petits réplicons qui se laissent transférer d'une souche à l'autre par transfection et également par transduction, participant d'une

Figure 7: *Le prophage peut participer de plusieurs façons au transport de gènes entre souches bactériennes.*

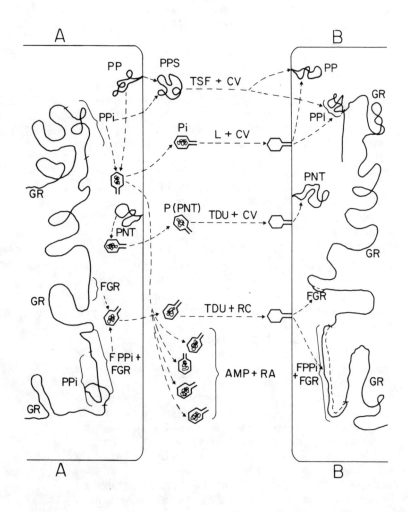

façon importante au système d'échange de gènes assuré par des bactériophages.

La transduction démontre clairement le rôle biologique des phages tempérés; ils sont des instruments d'échange de matériel génétique entre diverses bactéries. Même si sa fréquence est de l'ordre de 10^{-6}, en tenant compte du nombre de bactéries présentes elle est optimale (Fig. 7).

Dans les travaux de recherche, la transduction est utilisée pour la cartographie génétique fine des bactéries.

La conjugaison est un des plus importants mécanismes de transfert de gènes entre des souches différentes. Elle se

FIG 7: A. À gauche, schéma d'une moitié de cellule bactérienne. Y sont représentés: l'ADN des divers «chromosomes», la membrane cellulaire et des phages formés suivant l'information génétique d'un prophage. Au centre, et en bas, AMP + RA : amplification du nombre d'exemplaires du génome du prophage avec grande dispersion. Les phages «infectieux» contenant le génome du prophage peuvent contribuer à *ramener* de nouveaux gènes à la souche de la bactérie A. (à gauche) La plupart des phages injecteront le génome du prophage dans diverses cellules bactériennes sensibles. Celles-ci synthétiseront de nombreuses copies de ces phages qui pourront continuer l'augmentation de leur nombre en injectant d'autres bactéries sensibles. Parmi les très nombreux phages ainsi formés, plusieurs pourront rapporter par transduction des gènes provenant des cellules «étrangères» lysées, au bénéfice de la souche de la bactérie A. D'autres phages diffusés pourront fertiliser des souches différentes par les autres modes représentés dans cette figure. B. Schéma d'une cellule bactérienne qui, à l'aide de récepteurs spécifiques, peut fixer des phages qui lui injecteront leur ADN. Les divers phénomènes indiqués peuvent se passer successivement dans une telle cellule. FGR : fragment du grand «chromosome» ou grand réplicon. FPPI : fragment d'un prophage inséré dans le grand «chromosome». GR : grand «chromosome» ou grand réplicon (filament d'ADN représenté beaucoup plus court et plus déroulé qu'en réalité). L + CV : lysogénisation et conversion de la cellule B par insertion d'un prophage soit dans la longueur du grand chromosome soit sur la membrane cytoplasmique, après son injection par un phage provenant de la cellule A. Quelques gènes du prophage arrivés sont exprimés en permanence par la cellule B ce qui constitue le phénomène de *conversion*. PI phage infectieux contenant dans sa tête le génome du prophage. P(PNT) «phage» contenant le génome d'un plasmide non-auto-transférable à la place du génome du prophage. PNT plasmide non autotransférable. PP prophage inséré sur la membrane cytoplasmique. PPI prophage du type plus fréquent, inséré dans la longueur du grand chromosome. TDU + CV : transduction d'un plasmide non autotransférable suivie, dans la cellule B d'expression des gènes de ce plasmide *(conversion)*. TDU + RC : transduction de fragments du grand chromosome, isolés ou attachés à des fragments de prophages voisins. Quelques gènes ainsi rendus dans la cellule B y remplacent par *recombinaison* des zones similaires sur le grand chromosome. TSF + CV : transfection et conversion. Les génomes des prophages, surtout le surplus synthétisé à l'occasion de la formation des phages qui n'est pas inclus dans la tête de ces derniers passeront dans le milieu liquide ambiant et pourront pénétrer dans des bactéries, comme B qui possèdent des récepteurs pour l'ADN à leur surface. Une fois pénétrés dans la cellule B, ces prophages, comme ceux qui sont injectés par les phages, pourront s'y intégrer et exprimer plusieurs de leurs gènes *(conversion)*.

distingue des précédents (transformation, transfection, lysogénisation avec conversion et transduction) par les caractères suivants : la conjugaison ne peut se faire à distance entre cellules, celles-ci doivent se toucher et être reliées par un tube à l'aide duquel se fait le transfert de gènes. La conjugaison n'a été trouvée, dans la plupart des cas, que chez les bactéries à Gram négatif. Elle peut se faire entre des souches très différentes donc très éloignées du point de vue physiologique.

Les petits réplicons autotransférables responsables des conjugaisons bactériennes sont appelés en général des plasmides de conjugaison. Les mieux étudiés à cause de leur rôle important dans la transmission de la résistance multiple et « contagieuse » aux antibiotiques sont les plasmides R.

Il y a plusieurs similitudes entre les plasmides de conjugaison et les prophages, les deux catégories étant de petits réplicons autotransférables. Les deux se multiplient d'habitude au rythme du grand réplicon, donc à l'occasion de la division cellulaire. Leurs gènes responsables du déclenchement et de la succession des étapes des mécanismes de transfert sont d'habitude réprimés. Par des mécanismes efficaces, cette répression disparaît si les cellules qui reçoivent ces petits réplicons en bénéficient et que le transfert est favorable. Autant les prophages que les plasmides de conjugaison peuvent s'attacher à la membrane cytoplasmique ou peuvent s'insérer dans la longueur du grand réplicon. Pour les premiers, c'est la deuxième localisation qui semble la préférée. Pour les seconds, c'est surtout la première. On appelle épisome un petit réplicon qui peut alterner entre les deux sites d'attachement. Par leurs mécanismes de transfert de gènes d'une souche à une autre, les plasmides de conjugaison ainsi que les prophages peuvent tous les deux entraîner une fraction du grand réplicon ou d'autres petits réplicons, en particulier des plasmides non autotransférables. Les gènes des plasmides de conjugaison et des prophages responsables du transfert doivent instruire la cellule qui les abrite pour qu'elle synthétise des structures protéiniques essentielles à ce transfert. Il s'agit des « têtes » et des « queues » pour les prophages et des pili pour les plasmides de conjugaison. Les pili sont des tubes inframicroscopiques de protéine, de la grosseur approximative d'une longue « queue » de phage. Ils apparaissent comme s'ils étaient des excroissances cellulaires qui se forment quand un plasmide de conjugaison déréprime ses gènes de transfert, dont un est codé pour la synthèse des pili. La bactérie qui contient le plasmide de conjugaison contient également dans le voisinage immédiat de ce dernier la « racine » du pilus. L'autre bout du « pilus » sera fixé à une cellule sensible dépourvue de plasmide de conjugaison et à laquelle, à travers le pilus ou dans son voisinage immédiat sera transmise une copie du plasmide de conjugaison à la cellule qui n'en possédait pas et qui à son tour synthétisera par la suite un ou deux pili et pourra transmettre à des cellules sensibles des copies du plasmide de conjugaison. Comme on vient de le mentionner plus haut, un plasmide de conjugaison, grâce probablement à des séquences d'insertion, qui permet de réunir des réplicons, transfère facilement des plasmides non autotransférables qu'il s'attache avant de passer dans une autre cellule, ou des fragments plus ou moins importants du grand réplicon (le « chromosome ») qui peut contenir dans sa longueur un prophage. À titre tout à fait exceptionnel et surtout comme méthode de laboratoire, en vue d'effectuer la cartographie de certaines bactéries, un plasmide de conjugaison peut mobiliser et transférer tout le grand chromosome.

Dans un plasmide de conjugaison, la très grande majorité des gènes qui ne codent pas pour son transfert est exprimée. C'est le cas également pour les gènes des fragments des autres réplicons que le plasmide de conjugaison s'associe à l'occasion du transfert. Il s'agit d'une autre similitude avec les prophages car des phénomènes similaires à la conversion bactériophage caractérisent la conversion produite par les plasmides de conjugaison. La plus connue est l'acquisition des résistances multiples aux antibiotiques.

Les plasmides non autotransférables sont souvent insérés plus ou moins temporairement dans la longueur des plasmides de conjugaison, ce qui explique leur transfert assez régulier par ces derniers (phénomène appelé « mobilisation »). Nous avons vu qu'ils sont aussi transférés par le principal mécanisme de transfert des gènes des prophages : la transduction. On voit que les trois sortes de petits réplicons se complètent dans l'activité des échanges de gènes entre les souches bactériennes. Tous les petits réplicons peuvent, également, être « perdus » par les cellules respectives à des fréquences allant jusqu'à 2-3 % dans certaines conditions naturelles. Cette perte est appelée « guérison » et elle libère les sites d'attachement, ce qui permet à la bactérie respective d'essayer les avantages d'un autre petit réplicon arrivé au hasard.

Chez les bactéries, tous les gènes d'un réplicon quelconque peuvent « sauter » pour s'insérer dans un autre réplicon de la même cellule ou pour se déplacer sur un autre endroit du même réplicon. Ceci est dû à des *séquences d'insertion*, composées de quelques gènes qui fournissent les zones spéciales de séquences de nucléotides pour pouvoir s'insérer dans plusieurs endroits d'un réplicon et qui codent probablement pour des enzymes qui favorisent également les « sauts » des gènes. Une partie d'un réplicon située entre deux de ces séquences d'insertion constitue avec ces deux dernières un *transposon*, unité génétique en mesure de changer de place sur n'importe quel réplicon de la même cellule. Nous pouvons imaginer qu'à l'aide des gènes sauteurs une redistribution idéale des gènes est toujours possible dans une cellule bactérienne. Les plus utiles en permanence passeront des petits réplicons éminemment transitoires sur le grand réplicon qui est beaucoup plus stable, etc. La « mobilisation » d'un plasmide non transférable par un plasmide de conjugaison, l'insertion d'un prophage ou d'un plasmide dans le grand réplicon en découle. Tout ceci démontre que les petits réplicons et le grand réplicon forment des groupements favorables de gènes intracellulaires, à partir de la grande réserve de gènes de toutes les bactéries et que différents gènes peuvent y montrer une permutation plus ou moins rapide, selon les besoins immédiats de la souche en cause.

Il est ainsi évident que toute souche bactérienne libère autour d'elle des gènes, passivement ou par des mécanismes actifs. Ces gènes peuvent profiter à d'autres souches car chaque cellule bactérienne peut à son tour recevoir des gènes des autres par un des mécanismes décrits plus haut. Comme les gènes possèdent des informations, on peut les considérer comme des molécules d'information et de communication. Comme nous l'avons mentionné, chaque cellule bactérienne est donc l'équivalent d'un poste émetteur-récepteur d'informations. La probabilité pour chaque cellule bactérienne de profiter d'un gène favorable comme suite à ces échanges est infiniment faible. C'est au niveau des très grands nombres et surtout au niveau de l'entité mondiale comprenant toutes les bactéries que le fort investissement de structures et d'énergie, en vue de l'échange de gènes pour chaque bactérie trouve complètement sa justification. Combiné à la capacité exceptionnelle des bactéries de réaliser des épisodes rapides de sélection, l'échange des gènes devient le grand lien qui unifie le monde bactérien et le rend éminemment solidaire.

4. Nutrition de la cellule bactérienne a) *Généralités* On trouve chez les bactéries une grande variété de besoins nutritifs, autant que ceux des cellules de tous les eucaryotes réunis. Nous avons vu qu'il y a, cependant, une majorité bactérienne qui utilise des déchets organiques et une minorité seulement en mesure de se satisfaire de substances minérales. Les plantes eucaryotes assurent la plus grande partie de la photosynthèse sur Terre, la plupart des animaux en bénéficient et la plupart des bactéries se dépêchent de décomposer les déchets de tous les êtres vivants, pour remettre à la disposition des plantes, des substances minérales.

En général, une bactérie a besoin de substances déjà solubles dans l'eau qui l'entoure. Dans de rares cas, elle peut se nourrir à la surface d'un milieu gélifié qui laisse diffuser librement l'eau et les éléments nutritifs nécessaires. Entre autres, tous les éléments (atomes) qui entrent dans la composition d'une cellule bactérienne doivent nécessairement se trouver dans son environnement pour permettre la croissance et la multiplication, donc la survie de la souche bactérienne en cause.

Il existe quelques voies métaboliques rencontrées exclusivement chez les bactéries, dont la synthèse du peptidoglycane (muréine ou mucopeptide), et la fixation de l'azote atmosphérique sont des exemples.

Pour accélérer leur métabolisme, en maintenant une grande concentration de substances dans leur cytoplasme, les bactéries utilisent des exoenzymes hydrolytiques pour briser les grandes molécules de l'environnement avant de faire pénétrer leurs débris dans la cellule. Le plus souvent, la perméabilité est associée à des perméases spécifiques pour diverses substances.

Du point de vue de leur nutrition les bactéries se divisent en *autotrophes* et *hétérotrophes*. Les premières utilisent exclusivement des substances minérales (inorganiques) comme éléments nutritifs et le CO_2 est leur source de carbone. Chez ces bactéries autotrophes, la source d'énergie ne provient pas d'un substrat organique mais des radiations solaires ou de l'oxydation des substances inorganiques. Les *hétérotrophes* ont besoin de molécules organiques dans leur environnement autant comme éléments nutritifs que comme source d'énergie. Parfois la même substance nutritive peut servir ces deux besoins.

Pour la culture artificielle des bactéries, nous devons tenir compte de leurs exigences nutritives dans la composition des milieux de culture.

À partir des petites molécules qui ont pénétré par un mécanisme actif dans la cellule microbienne et de la source d'énergie disponible et utilisable par la bactérie, la synthèse des métabolites intermédiaires et des substances normales de la cellule est effectuée avec une vitesse surprenante.

b) *Contrôle des voies métaboliques*   Chez les bactéries, la durée de l'activité d'un ARN messager est à peine de quelques minutes, donc pour renouveler une protéine il faut reprendre souvent la transcription respective. Souvent celle-ci est contrôlée par des gènes opérateurs et régulateurs qui déterminent si la cellule a besoin ou non de l'ARN messager respectif. Il y a moins de contrôle post-transcriptionnel chez les bactéries que chez les eucaryotes supérieurs.

5. Mise en valeur des sources d'énergie par les cellules bactériennes a) *Généralités*   Chaque cellule bactérienne a besoin d'énergie en vue de réaliser ses activités, en particulier la synthèse de ses composants pour pouvoir se dédoubler. Chez la majorité des bactéries, le catabolisme ou la dégradation des molécules organiques constitue le principal mécanisme qui libère de l'énergie en faveur de la cellule. La photosynthèse en est un autre chez certaines bactéries comme elle est réservée chez les eucaryotes aux algues et aux plantes supérieures. Les substances qui transportent l'énergie, reliant les phases de libération d'énergie aux phases de biosynthèse sont également, comme chez les eucaryotes, l'ATP (adénosine-tri-phosphate) et les nucléotides de la pyridine.

Il y a, cependant, une variété beaucoup plus grande chez les bactéries en ce qui concerne la mise en valeur des sources d'énergie que chez les eucaryotes qui n'utilisent qu'une faible proportion des mécanismes procaryotes, et aucun qui leur soit original. De plus, la même bactérie peut faire appel à 2 ou 3 mécanismes et elle utilise le plus souvent celui qui donne le meilleur rendement suivant les circonstances. Cependant, les bactéries ne peuvent pas bénéficier du catabolisme des éléments nutritifs de gros poids moléculaire qu'elles trouvent dans la nature. Leur membrane ne les laisse pas pénétrer d'habitude dans la cellule et c'est à l'extérieur de la cellule par des exoenzymes que ces substances sont découpées en plus petites molécules perméables sans que la cellule bactérienne bénéficie de l'énergie libérée à ce moment. Nous envisageons plus loin les principaux mécanismes qui mettent en valeur et rendent disponibles des sources d'énergie chez les bactéries, suivant la nature de ces sources.

b) *La photosynthèse* est un mécanisme complexe qui est responsable de la conversion de l'énergie lumineuse en énergie chimique et permet ensuite la conversion du CO_2 en substances organiques. Elle existe chez quelques groupes particuliers de procaryotes qui vivent dans des habitats assez défavorables, où les plantes supérieures et les algues eucaryotes leurs grands concurrents ne peuvent pas prospérer. Autrement, la grande majorité de la photosynthèse sur la Terre est réalisée par des eucaryotes grâce aux chloroplastes qui ressemblent beaucoup à des algues bleues dont un ancêtre semble leur avoir donné naissance.

Chez les procaryotes, la photosynthèse est réalisée en présence d'oxygène libre (aérobiose) par les « Cyanobactéries » (algues bleues) et en anaérobiose par des bactéries « vertes » ou « pourpres ». Chez tous les êtres vivants qui réalisent la photosynthèse, on trouve impliqué dans ce mécanisme des pigments (chlorophyles, carotènes et pigments caroténoïdes), des lipides, des protéines et bien entendu des transporteurs d'électrons.

Les Cyanobactéries (algues bleues) possèdent du carotène β et une chlorophyle α comme les plantes eucaryotes. Elles vivent à la surface des eaux et libèrent de l'oxygène libre. Leurs ancêtres semblent responsables de l'apparition de l'oxygène dans l'atmosphère terrestre, ce qui a produit l'apparition des bactéries aérobies et par la suite celle des eucaryotes. Parmi les algues bleues, il y en a qui peuvent fixer l'azote atmosphérique. Elles sont parmi les êtres vivants dont les besoins nutritifs sont plus simples : CO_2 et azote de l'air, eau et sels minéraux.

Les bactéries vertes et les bactéries pourpres vivent en anaérobiose et utilisent des bactériochlorophyles et des pigments caroténoïdes. Leurs sources nutritives sont des molécules organiques qu'elles trouvent dans leurs habitats particuliers : dans les vases de marécages peu profonds et dans une zone intermédiaire de l'eau des lacs profonds et sans courants liquides importants. Elles y fixent l'azote et peuvent produire de l'hydrogène libre comme produit final du catabolisme. Ces bactéries photosynthétiques semblent représenter des vestiges des ancêtres qui jouaient un rôle important avant l'arrivée des algues bleues qui oxydaient l'eau produisant ainsi de l'oxygène libre. Les bactéries vertes et pourpres survivent dans des milieux particuliers anaérobies qui leur permettent aussi d'absorber les rayons du soleil ayant des longueurs d'onde que les organismes photosynthétiques aérobies n'utilisent pas.

c) *La fermentation* obtient de l'énergie par des réactions complexes d'oxydo-réduction basées sur des transferts d'électrons à partir d'un donneur organique et qui finissent avec un accepteur qui est lui aussi une molécule organique. Ce dernier est le plus souvent un sucre mais chez les bactéries il peut être également constitué d'acides aminés, d'autres acides organiques, de bases nucléiques, etc. Le produit final de la réduction caractérise chaque bio-type bactérien qui utilise la fermentation. La fermentation se fait en anaérobiose et plusieurs bactéries anaérobies strictes l'utilisent comme seule source d'énergie.

d) *La respiration* obtient l'énergie par des réactions d'oxydo-réduction complexes dans lesquelles le donneur d'hydrogène est d'habitude une molécule organique, l'accepteur final d'hydrogène (donc d'électrons) est une substance inorganique. Les chaînes de transport d'électron dans la respiration des bactéries sont très complexes et se trouvent dans la membrane cytoplasmique et dans ses invaginations (mésosomes). La respiration libère plus d'énergie que la fermentation. Presque toutes les substances de faible poids moléculaire peuvent être utilisées par certaines bactéries comme donneurs d'électrons. Dans la respiration anaérobie, les récepteurs sont d'autres substances que l'oxygène, le plus souvent des nitrates, des sulfates, des carbonates. Les bactéries qui possèdent le mécanisme de la respiration anaérobie peuvent être des anaérobies strictes, des aérobies facultatives ou des bactéries qui tolèrent l'oxygène sans l'utiliser. Dans la respiration aérobie, le récepteur final d'électrons est l'oxygène libre, comme c'est le cas pour tous les eucaryotes. La respiration aérobie a le plus grand rendement en vue d'offrir de l'énergie à une cellule. C'est la raison pour laquelle les bactéries agissent mieux dans les sols aérés et qu'elles effectuent mieux l'épuration finale de l'eau en présence d'oxygène. Les techniques bactériologiques pour l'étude des bactéries aérobies offrent de grandes surfaces au contact de l'air, et en microbiologie industrielle, on fait barboter de l'oxygène stérile dans les récipients qui contiennent des bactéries aérobies, en vue d'augmenter leur rendement.

B   Fonctions au niveau des équipes
    constituées par des mélanges de types
    de bactéries hétérogènes

1. Généralités   La majorité des bactéries de la Terre se trouve dans le sol, la vase des marécages, des mers, des lacs et des rivières à faible courant et dans le tube digestif des animaux. Dans ces milieux, à forte concentration bactérienne, il y a toujours des mélanges de cellules fort différentes les unes des autres. Quoique chaque cellule bénéficie d'une autonomie nettement marquée et que des épisodes de sélection se produisent en permanence, les proportions du mélange de ces diverses sortes de cellule demeurent relativement constantes. Nous constatons, également, que les activités des diverses bactéries de ces milieux se complètent de façon optimale. Ceci n'est pas surprenant, car autant par la concurrence longue et ancienne entre les souches présentes que par la sélection des cellules qui possèdent les gènes les plus appropriés pour des circonstances particulières, les bactéries s'adaptent de près à toute situation et parviennent à une sorte de complémentarité avec chaque être vivant de leur voisinage immédiat, même s'il s'agit d'eucaryotes supérieurs. Quand des circonstances favorables mettent ensemble, exclusivement ou en grande majorité, des bactéries diverses qui ont fait partie de mélanges pendant des périodes relativement prolongées, les fonctions de l'ensemble deviennent évidentes. Le principal mécanisme qui permet à de telles équipes de réaliser des activités qui dépassent la somme de chacune des souches constituantes est la complémentarité de leurs enzymes.

Il est probable que des mélanges de bactéries très diverses, à de fortes concentrations y favorisent également les échanges de gènes. Cependant, au niveau des fonctions des équipes bactériennes, ces échanges génétiques ne semblent pas avoir une importance comparable à celle de la division du travail en ce qui concerne les enzymes. Il est facile de se rendre compte du fait que même de grandes équipes ne groupent qu'une infime fraction de la grande variété de tous les gènes bactériens du globe. Dans ces conditions, même si les gènes de toute l'équipe sont plus disponibles à cause de leur voisinage, leur variété n'en est pas moins limitée et ils ne peuvent améliorer sensiblement cet ensemble par des échanges à l'intérieur des équipes.

C'est en équipes, qu'à de rares exceptions près, travaillent les bactéries. Il est surprenant que ce soit la très forte concurrence qui sévit dans ces mélanges qui leur confère finalement une stabilité remarquable. Quand les cellules les plus appropriées sont sélectionnées pour chaque secteur de l'équipe, elles seront difficilement délogées par d'autres, moins avantagées. La société de ces cellules bactériennes formant plusieurs équipes est forcément ouverte à d'autres « membres » mais comme la sélection se fait selon le « mérite » immédiat, le résultat consacre les souches les plus appropriées, le plus souvent celles déjà existantes.

2. Quelques mécanismes qui expliquent le succès des équipes bactériennes a) Un groupement d'enzymes complémentaires provenant de diverses souches libérées parfois de façon synchrone, plus souvent en succession, assure avec économie la série d'étapes nécessaires, par exemple la décomposition de la matière organique accumulée. Les souches qui auront plusieurs étapes à assurer se multiplieront plus longtemps, celles dont le rôle est plus réduit n'atteindront qu'en nombre plus réduit la phase finale, soit la transformation complète d'un métabolite en un autre.

b) Un alignement favorable des cellules se fait surtout par adhérence. On remarque que plusieurs bactéries allongées s'alignent de façon à réaliser une image dite en palissade. D'autres sécrètent des substances adhésives qui peuvent jouer le rôle de véritables ciments organiques. Ces formations sont particulièrement communes, si les bactéries sont situées dans un courant liquide. Les bactéries adaptées au milieu et formant équipe se serrent les unes contre les autres grâce à cette adhérence. C'est le cas des bactéries qui tapissent les cailloux au fond de ruisseaux rapides, des bactéries qui causent les caries dentaires et qui se fixent sur les dents en de véritables *plaques*, dans lesquelles elles se disposent suivant un certain ordre d'installation, en fonction du matériel adhésif sécrété.

3. Organisation et complexité des équipes bactériennes
Il existe de grandes variations dans les dimensions de ces équipes. Celles du tube digestif d'un minuscule ver ou d'un insecte sont déjà complexes. De nombreuses études ont montré qu'un sol, et surtout un sol arable riche héberge des centaines de souches bactériennes différentes, à côté de microorganismes eucaryotes et de champignons, plantes et animaux minuscules et même, que cet ensemble forme un véritable superorganisme vivant. La division du travail y est très poussée et parfois il y a deux, trois types de souches jouant des rôles similaires. Ceci entretient une saine compétition entre les souches et facilite l'acquisition de gènes extrinsèques, si besoin est (Fig. 8)

C   Exemples d'actions d'équipes
     bactériennes : la flore microbienne
     et son rôle nutritionnel

Le rumen : niche
écologique et fermenteur
bactérien générateur
de nutriments

1. Le rumen   Le rumen des polygastriques et, en particulier celui des bovins, est le lieu de l'activité de populations microbiennes aussi abondantes que diversifiées, pour lesquelles il constitue une niche écologique particulière favorable. Du point de vue de la biologie, il s'agit, d'autre part d'un exemple, d'*ectosymbiose* de cette flore microbienne avec un ruminant, parmi beaucoup d'autres *ectosymbioses* ou *endosymbioses* de bactéries avec des insectes, des oiseaux ou des mammifères. C'est pour toutes ces raisons que cet *écosystème* que constituent le rumen et son contenu mérite d'être retenu comme exemple. Les processus qui s'y déroulent ont pu être assimilés à ces systèmes de cultures bactériennes conti-

Figure 8 : *Aspect habituel en microscopie ordinaire des populations bactériennes dans la nature. Il peut s'agir autant d'une équipe de souches différentes que d'associations accidentelles ou d'un mélange de souches ayant une physiologie similaire mais de formes différentes.*

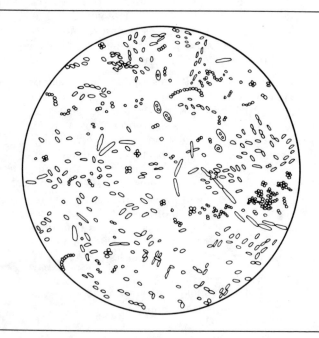

Il s'agit d'un champ microscopique, à un grossissement d'environ 1 800. Une goutte, contenant des bactéries, a été étalée en couche mince sur une lame et ensuite colorée. Pour obtenir une seule bactérie par champ microscopique dans de telles conditions, la goutte examinée devait en contenir environ 15 000 bactéries. Pour étudier au microscope un échantillon de sol ou de matières fécales, il faudrait les diluer dans l'eau avant l'étalement sur lame, pour permettre de bien distinguer les cellules les unes des autres. Contrairement à ce qui se passe dans les autres secteurs de la biologie, la morphologie donne peu d'information sur les bactéries. Il n'y a que quelques formes sous lesquelles leurs cellules peuvent se présenter. La même forme peut être rencontrée chez des bactéries entièrement différentes du point de vue de leur physiologie. D'autre part, certains groupes de bactéries, comme les méthanogènes, possèdent des métabolismes très similaires mais leur souches se distinguent les unes des autres par des formes et des dimensions aussi variées que celles de cette figure. En connaissant la provenance d'une population bactérienne, il est plus facile de s'orienter vers son identification, même avec des indications morphologiques limitées. Nous avons représenté dans cette figure des bactéries seulement. Dans la nature, de telles préparations contiennent souvent des débris microscopiques et parfois, en plus petit nombre que les bactéries, des champignons microscopiques ou des protozoaires.

nues de plus en plus couramment utilisés en bactériologie industrielle.

Le rumen reçoit un mélange d'aliments rapidement et incomplètement mastiqués et de salive auquel s'intègre la flore microbienne du rumen, qui va exercer sur eux son action pendant plusieurs heures.

Le contenu du rumen ainsi transformé poursuivra son chemin dans les autres compartiments gastriques et dans l'intestin lui-même.

Les aliments qui séjournent dans le rumen sont riches en cellulose, pauvres en protéines et en lipides. La salive ne contient pas de cellulase. Ce sont certaines bactéries spécialisées du rumen parmi son énorme population de l'ordre du milliard de microbes par centimètre cube, qui exerceront, par leurs enzymes, une action cellulolytique produisant du glucose et du cellobiose.

La flore bactérienne du rumen et l'activité biochimique de ses membres

Il s'agit d'anaérobies stricts, cocci à Gram positif, bâtonnets à Gram négatif.

Il est relativement facile d'identifier les biotypes qui la composent et leurs aptitudes biochimiques. Il est beaucoup plus difficile d'analyser les actions antagonistes ou adjuvantes qu'ils exercent les uns sur les autres. Parmi les bactéries *cellulolytiques*, il convient de signaler *Ruminococcus albus, Butyrivibrio fibrisolvens, Bacteroides succinogenes*, entre autres. Comme son nom l'indique *Methanobacterium ruminantium* est l'un des agents méthanogènes (producteur de CH_4).

Il existe, également, dans le rumen une flore abondante de protozoaires qui se nourrissent de bactéries et de leurs métabolites. Leur connaissance est ancienne (1843), leur étude difficile, en raison des contaminations bactériennes.

Le rumen, un milieu stable et favorable aux activités biochimiques

Le contenu du rumen est relativement constant. L'abondance de la salive facilite les réactions enzymatiques et assure par un effet de tampon la stabilité du pH (5,8 à 6,8) de la centaine de litres du mélange semi-liquide qu'il renferme chez les bovins à une température de 38,5 à 39°C et à un potentiel d'oxydo-réduction propice à la multiplication des anaérobies.

Les réactions biochimiques
qui se produisent dans
le rumen

L'action successive ou simultanée des bactéries cellulolytiques, amylolytiques et des autres bactéries qui constituent la grande majorité de la flore du rumen produit du cellobiose, du glucose, des acides gras à partir de l'attaque de la cellulose, de la pectine, des protéines et des lipides. Ces processus s'accompagnent de la formation de CO_2, de CH_4, d'H_2. Cet hydrogène, sous l'influence de *Methanobacterium ruminantium* peut se combiner avec le CO_2 pour donner du méthane. La dégradation des acides gras et de leurs sels donne lieu, également, à la formation de CO_2, H_2, CH_4. Ces gaz, lorsqu'ils ne sont pas utilisés dans des synthèses, sont rejetés à l'extérieur par des éructations.

Les constituants des bactéries elles-mêmes et des protozoaires sont digérés par les enzymes protéolytiques des autres réservoirs gastriques et segments de l'intestin en ammoniaque et en urée que peuvent utiliser les ruminants, en plus des acides-aminés. Les vitamines qui y sont produites sont également, pour la plus grande partie, d'origine microbienne.

Ainsi, le rumen joue le même rôle qu'un fermenteur industriel dans lequel un substrat, soumis à l'action d'associations bactériennes adéquates est susceptible de produire constamment des métabolites utilisables.

Autre exemple d'activité
par équipes bactériennes

2. Le sol, entité vivante méconnue   Le rôle du sol dans la pérennité de la vie sur cette planète a été connu de nos plus lointains ancêtres qui se sont livrés à l'agriculture. Ils ont observé des différences de fertilité entre les divers terrains, la formation de l'humus à partir des déchets et des cadavres des végétaux et des animaux. Ils ont su conserver ou restaurer cette fertilité, mise à contribution par la végétation, grâce à la pratique de la jachère, repos du sol ou à des apports de fumier. Il est des passages des poètes ou des philosophes antiques qui montrent de façon évidente, comme dans les Géorgiques, que les connaissances des contemporains étaient, déjà, fort avancées. Ainsi que le cite René J. Dubos, le philosophe latin Lucrèce disait, à la fin de la République romaine, dans son *De natura rerum*, que rien ne naît jamais que d'une mort, que la nature reste toujours jeune et saine bien que la mort soit partout à l'œuvre et que toutes les formes vivantes ne sont que des aspects éphémères à une substance permanente. «Tout vient de la poussière et y retourne, c'est littéralement vrai : mais une poussière éternellement fertile. Dans l'ensemble du monde et, particulièrement dans le sol, tous les organismes justifient à chaque instant le vers légendaire du poème de Lucrèce : *Comme dans une course de relais, ils se transmettent le flambeau de la vie*» (René J. Dubos, dans *les Dieux de l'écologie*, Paris, Fayard, 1973, p. 16).

En somme, l'observation et l'exploitation empirique des phénomènes biologiques qui se produisent dans le sol a précédé, et de loin, la connaissance de leurs causes.

L'identification, la reproduction, l'inhibition, le rétablissement expérimental des actions biologiques qui se produisent dans le sol ont aussi précédé, d'une dizaine d'années, la connaissance scientifique de leurs causes.

Il s'agit d'études globales basées sur la détermination de la nature chimique de ces actions, de leur inhibition par un chauffage suffisamment intense et prolongé, du rétablissement des propriétés initiales de l'échantillon de terre, ainsi, inactivé, par le mélange avec un peu de terre normale n'ayant subi aucun traitement particulier.

Ces études ont eu le grand mérite de démontrer la nature biologique de ces phénomènes depuis longtemps connus, avant qu'en soient trouvées les causes.

La naissance tardive de la microbiologie du sol.

La méconnaissance de la nature microbiologique des phénomènes dont le sol est le lieu a pris fin avec la découverte, ou plutôt, la série de découvertes qui ont montré le rôle des microorganismes dans l'avènement et la conservation de la fertilité du sol, donc, de la vie même, des végétaux et des animaux.

Elles sont dues, en très grande partie, aux travaux de deux pasteuriens Winogradsky (1856-1953) et Beijerinck (1851-1931). Ils sont, d'une vingtaine d'années, postérieurs aux découvertes par Pasteur, des causes microbiennes des maladies infectieuses de l'homme et des animaux. Ce sont des motivations médicales et vétérinaires qui, comme nous l'avons déjà souligné, ont dominé, pendant longtemps la bactériologie, plus que des considérations de biologie générale, fussent-elles de portée aussi fondamentale que les phénomènes microbiologiques qui se produisent dans le sol. Toutes proportions gardées, les infections microbiennes et leurs agents sont, du point de vue de la biologie générale, d'une importance beaucoup plus limitée. C'est pourtant à deux spécialistes de la microbiologie médicale vétérinaire (P. Goret et L. Joubert, 1949) que revient le mérite d'avoir qualifié le sol (d') *être vivant méconnu* et en toute connaissance des travaux de Winogradsky et Beijerinck, de S. A. Waksman et de R. J. Dubos d'avoir pressenti voilà trente ans, à un moment où il n'était guère question de génétique bactérienne, l'importance de certaines activités d'ensemble des bactéries et certains faits qui ont retenu notre attention trente ans plus tard... «le sol apparaît bien comme un véritable organisme doué de vie. Il recèle, en effet, en légions innombrables des microbes vivant chacun pour son propre compte mais entrant dans une unité plus haute, de la même manière que l'organisme des êtres supérieures n'est que la juxtaposition admirablement conçue de milliards d'unités cellulaires.» Relevons, aussi les titres choisis par les auteurs pour développer chacun des aspects de leur thèse : *Organisme vivant, le sol respire ; organisme vivant, le sol assimile et désassimile ; organisme vivant, le sol se reproduit ; organisme vivant, le sol peut vieillir et mourir ; organisme vivant, le sol lutte contre l'intrusion de bactéries étrangères.*

Nous aurons l'occasion de revenir plus loin sur certains de ces points. Soulignons, ici, encore une fois, que ces activités d'ensemble du sol sont dues à des associations ou groupes fonctionnels de microorganismes travaillant en «équipes» complémentaires simultanément ou «en cascades» les unes après les autres. Comme nous l'avons dit ailleurs, il s'est établi une symbiose géante et complexe aux dimensions de la Terre qui a restitué aux bactéries hétérotrophes leur importance originelle.

Il est impossible d'envisager le rôle des microorganismes du sol sans rappeler celui de ces microorganismes précurseurs, qui ont permis le développement de la vie, telle que nous la connaissons sur terre, en oxygénant l'atmosphère et en contribuant au dépôt d'un humus primitif.

La population bactérienne du sol. Son abondance

Nous ne devons retenir que l'énormité des valeurs numériques qui ont été données quant à la teneur du sol en bactéries : de 1 à 10 milliards de ces cellules par gramme de sol, 1 700 à 3 600 kg par hectare pour les bactéries à côté de 1 700 kg pour les mycètes, 170 kg pour les protozoaires. Il s'agit là de très grossières approximations en raison de tous les facteurs d'erreur qui affectent ces résultats : représentativité de l'échantillon, méthodes et techniques utilisées pour la numération. Le microscope révèle, environ, 100 fois plus de bactéries dans un volume donné du sol, que ne peut le faire la culture, en raison des exigences nutritives très diverses et très spécifiques des microorganismes du sol. Tous les chercheurs sont d'accord sur l'impossibilité d'obtenir des évaluations précises sur la teneur du sol en microorganismes vivants. Ils sont aussi d'accord sur l'importance quantitative absolue et les conséquences biologiques de la présence dans le sol de telles masses de bactéries à côté des mycètes et des protozoaires.

La flore bactérienne du sol. Les biotypes les plus couramment retrouvés

En ce qui concerne les souches que l'on arrive à cultiver en cultures pures, on trouve en particulier des *Actinomyces*, des *Bacillus*, des *Clostridium*, des *Flavobacterium*, des *Pseudomonas*.

Sa variété fonctionnelle

Le sol garde, dans son ensemble, sa fertilité en dépit des soustractions constantes d'éléments nutritifs que font les plantes de tous ordres. Cette permanence est due à la restitution de ces éléments nutritifs par les plantes et les animaux, qui directement ou indirectement, en vivent, soit par les déchets de leurs activités vitales (feuilles, excrétion), soit par les composants de leurs cadavres. Cependant, ces composants ne sont pas directement assimilables par des végétaux, qui n'absorbent que des substances minérales. Il appartient aux microorganismes du sol de *minéraliser* les constituants animaux et végétaux morts.

Les matières organiques d'origine extrinsèque et les constituants même du sol, y sont soumis à l'action de microorganismes aux aptitudes métaboliques les plus variées, dont les proportions dépendent des caractères physico-chimiques du milieu tellurique (composition chimique, aération, compacité, pH, rH, pourcentage d'humidité, température, etc.). Ces microorganismes peuvent être autotrophes ou plus souvent, hétérotrophes, aérobies ou anaérobies, mésophiles, thermophiles ou psychrophiles.

Certains microorganismes ont, par contre, des activités très spécialisées : dégradation de la cellulose, de la lignine, de la pectine, fixation de l'azote, oxydation de l'ammoniac en nitrites, des nitrites en nitrates.

De toute façon, ces phénomènes naturels ont été mis à profit empiriquement, puis scientifiquement en agriculture, dans la pratique des amendements et en génie sanitaire, dans les opérations d'épuration des eaux usées.

On peut analyser l'activité générale des bactéries du sol en se penchant sur les aspects les plus typiques du cycle de la matière vivante qui s'y déroule.

Le cycle du carbone

Les composés organiques qui renferment du carbone ont été initialement synthétisés à partir des carbonates présents dans les eaux douces et salées, ainsi que dans le sol, mais c'est surtout le gaz carbonique de l'atmosphère qui a servi de matière première à la synthèse chlorophyllienne réalisée par les végétaux supérieurs, sous l'influence de la lumière solaire. Il convient, cependant, de ne pas oublier le rôle initial des algues et des bactéries photosynthétiques dans la synthèse des composés organiques du carbone. Dans les conditions actuelles, ce rôle est relativement mineur.

Les microorganismes du sol vont avoir surtout à « minéraliser » le carbone organique des tissus végétaux et animaux restitués au sol. Ce sont les composés d'origine végétale qui sont les plus abondants et, en ce qui concerne la cellulose et les substances ligneuses, les plus difficiles à décomposer. Suivant les conditions du milieu ce sont des bactéries aérobies ou anaérobies qui interviendront. *Pseudomonas* à l'activité très polyvalente, bactéries spécialisées cellulolytiques *(Cellulomonas, Cellvibrio, Cytophaga)*, pectinolytiques *(Actinomyces, Bacillus)*. Le processus d'oxydation des tissus végétaux ne sera pas complet. La lignine, les tanins, les cires résistent très longtemps à l'action oxydante des microorganismes. Cette substance organique résiduelle, colloïdale, brunâtre dont la dégradation sera très lente, est l'humus qui donne au sol sa texture, son pouvoir hydrophile et sa résistance à l'érosion. L'arrêt de la dégradation de l'humus, dans un milieu humide et des conditions anaérobies, mène à la formation de tourbe, dont la fossilisation, au cours des millénaires, a donné lieu à la formation de dépôts de lignite et de charbon. Il est à signaliser que les processus de dégradation se déroulent en milieu anaérobie, ils s'accompagnent de la production d'hydrogène et de méthane, grâce à l'action de bactéries méthanogènes.

Le cycle de l'azote

L'azote est nécessaire aux synthèses protéiques des végétaux et des animaux. À l'encontre de ce qui se produit dans le cycle du carbone, des bactéries ne jouent pas seulement un rôle dans les processus de décomposition des constituants azotés des végétaux et des animaux en vue de leur minéralisation mais également dans leurs synthèses en permettant la fixation de l'azote atmosphérique.

Il s'agit, d'une part, de la fixation symbiotique due à la pénétration d'une bactérie du genre *Rhizobium* dans les racines des légumineuses au niveau desquelles elles forment des nodosités. D'un autre côté, dans des conditions particulières aux régions tropicales, la fixation de l'azote atmosphérique peut être faite en l'absence de symbiose végétale par diverses bactéries : *Azotobacter, Clostridies, Cyanophycées.*

La dégradation des substances azotées composant les tissus animaux et végétaux et les résidus de leurs activités vitales.

L'ensemble de ces processus de dégradation est l'aspect le plus important des phénomènes de putréfaction, en ce qui concerne les tissus animaux. Ils sont essentiellement de la même nature, en ce qui concerne les composants azotés des tissus végétaux morts. Ils concernent également les produits d'excrétion des animaux, tels que l'urée et l'acide urique.

Les uns et les autres sont « minéralisés » en ammoniac par des groupes fonctionnels de bactéries à pouvoir catabolique étendu, tels que les *Pseudomonas*.

Cet ammoniac ou ces sels ammoniacaux vont être convertis en nitrates, assimilables par les plantes. Cette phase de la minéralisation des composés azotés organiques s'effectue en deux étapes : l'ammoniac est tout d'abord transformé en nitrites par une oxydation provoquée par des *Nitrosomas*, puis les nitrites sont oxydés en nitrates par les *Nitrobacter*.

En contrepartie de cette nitrification fertilisante, les nitrates peuvent subir un processus de dénitrification, par lequel une proportion plus ou moins grande de ces nitrites est dégradée et restituée à l'atmosphère sous la forme d'azote moléculaire.

La minéralisation des composés organiques soufrés

Le dégagement de gaz nauséabonds et surtout d'hydrogène sulfuré caractérise la décomposition des cadavres et des excréta animaux et végétaux.

C'est sous la forme de sulfates que le soufre est assimilé par les plantes chez lesquelles ils s'intègrent, par réduction, dans les acides aminés soufrés tels que la cystine et la cystéine. Les plantes constituent pour les animaux la source de composés soufrés dont ils ont besoin pour leurs propres synthèses.

Les constituants soufrés des animaux et des végétaux sont décomposés par les bactéries dans le milieu extérieur en hydrogène sulfuré.

Cet hydrogène sulfuré peut être oxydé par diverses bactéries aérobies *(Thiobacillus thioxydans)* ou anaérobies (Thiobactéries pourprées ou vertes).

Auto-régulation de la flore microbienne du sol. Quelques conséquences générales de son activité

Il est difficile d'aborder l'étude de la flore microbienne du sol sans donner à cette étude aussi sommaire soit-elle, un aspect schématique et quelque peu désintégré. Tous ces types fonctionnels de microorganismes dont nous avons montré la diversité coexistent; leurs proportions, leurs activités respectives ou complémentaires, leurs résultats sont influencés par des facteurs intrinsèques liés aux populations elles-mêmes ou aux conditions du milieu. Il pourrait aussi bien s'agir de phénomènes de compétition biologique, d'antagonismes que dans certains cas, d'associations favorables entre biotypes. La présence dans le sol de souches vraiment antibiotiques prévue par Pasteur, a été démontrée de façon retentissante par les travaux de S. A. Waksman, de R. J. Dubos, de Lechevalier entre autres chercheurs qui ont montré que des Streptomyces, des Eubactéries produisaient des produits antibactériens aussi actifs que la Streptomycine, la Tyrothricine, la Chloromycétine (Chloramphénicol), la Néomycine. Il n'est pas sans intérêt que certaines de ces découvertes aux applications si nombreuses et si importantes sont le fruit de recherches qui, au début, étaient très académiques, en particulier celles de R.J. Dubos et de S. Waksman.

Le sol renferme également des phages spécifiques aux activités non seulement lytiques mais aussi génétique.

Autres exemples de l'action
d'équipes bactériennes de
la flore tellurique

3. La flore ou les flores propres aux eaux naturelles De la même façon que la bactériologie a étudié en priorité les agents des infections de l'homme et des animaux, la recherche des bactéries dans les eaux naturelles a été orientée, avant tout, vers la mise en évidence de bactéries pathogènes dans les milieux aquatiques. Ce sont des raisons pratiques, mais aussi techniques, comme cela s'est produit à l'occasion de l'avènement de la bactériologie du sol, qui ont différé l'étude systématique de la bactériologie des eaux. La recherche des bactéries pathogènes ou indicatrices de leur présence potentielle a accaparé, d'abord, toute l'attention.

Cette flore propre aux eaux naturelles, en l'absence de tout apport exogène, est variée autant qu'abondante. Sa composition, sa densité dépendent, bien entendu, des propriétés de l'eau en cause : eau douce, saumâtre ou salée, de sa mobilité, de son oxygénation, de l'abondance de matières organiques.

Elle comprend, essentiellement, des bactéries à gaines, *Chlamydobacteriales* y compris des bactéries sulfureuses, des ferrobactéries, etc., des *Caulobacteriale* pédiculées, surtout dans les eaux stagnantes, des grosses formes spiralées, des bactéries pigmentées, des bactéries non pigmentées fluorescentes, des bactéries fixatrices d'azote ou nitrifiantes, etc.

Cette flore intrinsèque est d'origine tellurique, mais peut s'enrichir d'autres apports venant de l'air, du sol et effluents d'origine humaine ou animale, ces derniers associés à des déchets organiques et à divers composés chimiques.

Noùs nous bornerons à envisager deux ensembles de phénomènes qui mettent en cause des équipes fonctionnelles de bactéries, nous voulons parler de l'auto-épuration des eaux — qui est un phénomène naturel — et du traitement systématique des eaux usées.

L'auto-épuration des eaux douces

Les eaux polluées par l'apport de matières organiques résiduelles d'origines domestique, agricole ou industrielle font, en principe, l'objet d'une auto-épuration, c'est-à-dire d'une minéralisation, comparable à celle que les résidus des processus vitaux animaux ou végétaux subissent dans le sol. L'auto-épuration de l'eau est le résultat de cycles écologiques auxquels participent des bactéries, des algues, des poissons, des mammifères et l'homme lui-même : les bactéries étant les agents initiaux et ultimes de ces prédations successives. Ce sont, en fait, des équipes fonctionnelles de bactéries appartenant à la flore normale de l'eau, qui interviennent. Leur importance numérique, la nature des biotypes qui les composent, la marche des phénomènes qu'elles provoquent sont conditionnées par divers facteurs. Ceux-ci favorisent, ralentissent, ou même empêchent l'auto-épuration. Le plus important de ces facteurs est l'abondance des polluants organiques, qui détermine la disponibilité en oxygène dissous du milieu. Cette teneur en oxygène est appréciée par l'indice D.B.O. (demande biologique en oxygène). L'épuisement de l'oxygène dissous par l'intensité des phénomènes bactériens ou par l'abondance des polluants peut être plus ou moins compensée par des apports d'origine atmosphérique, très faibles si la surface de l'eau est dormante — l'étang ou cours d'eau très lent — plus importants, si elle est agitée — rivière rapide, torrent, « rapides ».

Si l'agitation du cours d'eau le réoxygène, l'auto-épuration va s'opérer rapidement et complètement, grâce à l'intervention de bactéries aérobies, autrement elle sera faite — moins bien — par les anaérobies.

Il est aussi difficile d'analyser la répartition des biotypes qui participent à l'auto-épuration et leurs rôles respectifs que d'étudier les équipes qui assurent la fertilisation du sol. Il existe des biotypes particulièrement actifs, des bactéries agissant en concurrence avec d'autres. Il faut tenir compte, également, de la participation des autres microorganismes — algues, protozoaires, mycètes. Il est bien établi que les bactéries ont un rôle dominant. Parmi les membres de la flore aquatique que nous avons indiqués, les plus importants du point de vue de leur rôle dans l'auto-épuration sont des *Pseudomonas* et des *Acinetobacter* et des *Cytophaga* et des *Flavobacterium*, tous aérobies.

Dans les processus d'auto-épuration, les microorganismes opèrent, suivant les cas par des mécanismes divers : les protozoaires sont des prédateurs efficaces des bactéries, avant d'être ingérés par les poissons, les algues jouent un rôle adjuvant important, en favorisant par la photosyntèse, la réoxygénation de l'eau, par leur développement, parfois excessif, aux dépens des produits minéralisés par les bactéries, dans une sorte de symbiose.

Certaines espèces bactériennes agissent surtout par leurs enzymes protéolytiques : *Cytophaga, Flavobacterium, Pseudomonas* et autres.

Le rôle de *Bdellovibrio* est retenu par Leclerc comme important. Très commun dans les eaux, de petite taille, il a le pouvoir exceptionnel de parasiter et de détruire d'autres bactéries qui seraient accumulées.

La diversité des mécanismes de l'auto-épuration et de ses agents bactériens, ses résultats ultimes montrent bien qu'il s'agit d'actions d'équipes microbiennes. Nous n'avons pu aborder que leurs aspects les plus caractéristiques.

Le traitement des eaux usées en vue de leur épuration

Ces eaux sont traitées avant leur rejet dans un cours d'eau ou dans la mer, afin de les débarrasser dans toute la mesure du possible des abondantes matières organiques qu'elles renferment, en particulier, des microorganismes pathogènes, et d'éviter le rejet direct de produits de déchets industriels, plus spécialement de substances toxiques.

Les méthodes utilisées mettent essentiellement en œuvre les processus de l'auto-épuration naturelle. Les techniques utilisées tiennent compte de la nature des effluents à traiter : eaux usées d'origine industrielle (nous nous limiterons brièvement à envisager les émissions de produits organiques : papeteries et industries alimentaires), d'origine agricole (notamment, celles des élevages industriels) et, surtout, les eaux usées d'origine domestique.

Le choix des méthodes, la marche des processus, l'appréciation de leurs résultats seront basées sur les résultats des examens microbiologiques et de l'épreuve DBO, dont nous avons indiqué le principe.

La méthode des lits bactériens

Elle met en œuvre des processus surtout aérobies.

Les eaux usées sont finement pulvérisées sur un lit, formé de matériaux dont la grosseur augmente de la surface au fond. En quelques semaines, la surface des particules qui constituent le lit se couvre de pellicules microbiennes visqueuses — la zooglée — composée d'une grande variété de microorganismes parmi lesquels prédominent les bactéries aérobies à la surface du lit : *Pseudomonas, Achromobacter, Bacillus, Flavobacterium, Micrococcus, Aeromonas,* Enterobacteriacés, *Spherotilus, Beggiatoa.* Dans les couches plus profondes du filtre, les anaérobies facultatifs sont de plus en plus nombreux, pour être dominés plus profondément encore par la présence d'anaérobies stricts, parmi ceux-ci *Desulfovibrio desulfuricans* au rôle réducteur.

Les couches superficielles de la zooglée renferment des mycètes dont le rôle est limité et des algues dont la prolifération peut gêner le déroulement normal de la filtration. Des protozoaires, des insectes et des arachnides, sont également présents.

Durant la traversée du lit bactérien qui dure de vingt à soixante minutes, le filtrat est presque complètement débarrassé des matières organiques qui ont floculé ou ont été dégradées par les bactéries. Une sédimentation secondaire permet de le débarrasser de l'excès de microorganismes floculants et d'obtenir un effluent limpide, à faible charge organique.

Traitement des eaux usées par les boues activées

Il comporte, véritablement, l'intervention d'une équipe fonctionnelle qui forme une zooglée floculante et oxydante. La première et la troisième décantations doivent être stabilisées, c'est-à-dire traitées pour en diminuer le volume et détruire les microorganismes pathogènes. Le rôle de la flore protozoaire est important.

Action de la digestion anaérobie

Ce processus est mis à profit dans les fosses septiques domestiques. Il est précédé d'une décantation et d'une sédimentation des matières en suspension, qui subissent une dégradation anaérobie avec émission d'H_2S. L'effluent présente encore une demande biologique en oxygène (DBO) élevée et n'est que partiellement purifié.

La digestion anaérobie peut être adaptée à des besoins industriels, agricoles ou municipaux. Elle est réalisée dans de grands réservoirs clos ou *digesteurs* dans lesquels des bactéries anaérobies s'attaquent aux matières organiques avec production du gaz : H, N, CO_2, méthane. Ceux qui sont combustibles ont pu être utilisés comme source d'énergie. Le digesteur reçoit des boues fraîches additionnées de boues provenant d'une digestion antérieure. La flore de la digestion anaérobie est composée essentiellement d'anaérobies méthanogènes.

D Fonctions supérieures de l'ensemble du monde bactérien

1. Généralités Les fonctions supérieures de l'entité planétaire comprenant toutes les bactéries ne sont devenues apparentes que tout récemment. Les changements qu'elles causent se produisent au niveau du monde invisible, donc échappent longtemps à l'observation directe de nos sens. D'autre part, comme nous l'avons mentionné, la majorité du monde scientifique était resté convaincue du caractère primitif des bactéries et n'était pas réceptif au concept de l'existence de fonctions d'un niveau supérieur.

Comme d'autres activités bactériennes, leurs fonctions supérieures ont un caractère intermittent, voire spasmodique. Elles se manifestent surtout quand des populations bactériennes très importantes ont à faire face à une difficulté qui s'étend à tout un secteur entier ou à celle d'un pays ou d'un continent. Ce sont des conditions qui favorisent l'apparition de nouvelles formules, donc, favorables aux évolutions. Des «mini-évolutions» sont, ainsi, un des moyens que possèdent les bactéries de réaliser des fonctions supérieures. Pour les déclencher, les bac-

téries peuvent, par exemple, être exposées à l'action anti-
bactérienne d'un agent physique ou chimique. Il peut
s'agir, dans d'autres cas, des possibilités nutritives très
abondantes d'un substrat nouveau pour lequel les bactéries sur place ne possèdent pas d'enzymes appropriées.
Les pressions sélectives présentes ou potentielles finissent
par provoquer une série d'activités chez un grand nombre
de souches bactériennes; elles ont comme résultats une
solution logique au problème en cause, le plus souvent
l'arrivée d'un gène favorable aux bactéries de l'endroit
approprié. Ce processus consiste dans la mobilisation des
ressources communes représentées par d'innombrables
gènes différents, qui dans les longues périodes dépourvues d'épreuves importantes, se manifestent mais sont
sans effet durable parce qu'elles sont dépourvues de direc-
tion et d'une coordination qui ne se concrétisent pas
sans la présence de fortes pressions sélectives.

Dès que l'ensemble bactérien parvient à posséder un
ou plusieurs gènes qui lui permet de résoudre le problème qui a déclenché ces phénomènes, une nouvelle
période de calme s'installe pendant laquelle les fonctions
supérieures ne se manifestent plus, mais leurs résultats
restent présents jusqu'à la prochaine mise à l'épreuve de
ces mécanismes. Il a été constaté plus d'une fois que
sous l'influence de faits importants nouveaux qui les con-
frontent, l'ensemble bactérien effectue des corrections qui
surprennent par leur justesse. Elles semblent être la manifestation d'une intelligence presque infaillible.

2. Mécanismes À la base des fonctions supérieures
bactériennes, nous retrouvons les mêmes mécanismes très
simples : les échanges généralisés et efficaces de molécules d'information, en particulier de gènes, et la forte
compétition qui assure toujours la sélection des cellules
les mieux adaptées à leur milieu et, du fait même, des
gènes qu'elles contiennent. Nous avons déjà vu que chaque cellule bactérienne est une unité d'émission et de réception de gènes, en communication potentielle directe
ou par des intermédiaires avec toutes les autres bactéries.

Une des premières conséquences de cette disponibilité de gènes variés est leur redistribution constante
quand un nouveau besoin se fait sentir. À partir de cette
diffusion et de cette distribution aléatoires de tant de
gènes libérés par toutes les souches bactériennes de la
Terre, la concurrence constante qui existe entre les bac-

téries remet en question leur distribution, selon des formules optimales, par d'innombrables sélections locales. Celles-ci finissent par amplifier le rôle des gènes favorables pour une circonstance donnée et conditionnent le succès des souches qui les possédaient déjà ou qui viennent de les recevoir. Le plus souvent, la multiplication accrue des bactéries est une conséquence de l'intégration de tels gènes immédiatement favorables. Du fait de leur adaptation antérieure très poussée, améliorée en plus par le nouveau gène favorable, ces bactéries envahissent de nouveaux territoires. Parfois le petit réplicon qui contient un tel gène est transmis, également, à d'autres souches de plus en plus éloignées géographiquement et physiologiquement de la souche qui le portait à l'origine des modifications du milieu qui l'ont rendu particulièrement utile.

Quand les conditions du milieu exercent des pressions sélectives sur les bactéries dans de vastes territoires ou sur toute la planète, les échanges de gènes, qui se font d'ordinaire de façon entièrement aléatoire, se réalisent à partir des quelques cellules qui possèdent un gène favorable ou nécessaire pour les nouvelles circonstances *vers toutes les souches qui en ont besoin.* Du point de vue de la géographie, il s'agit d'une diffusion dans toutes les directions aidée, parfois, par une participation des vents, des cours d'eau, des animaux migrateurs. Quand il ne s'agit plus de transmission à longue distance, mais de distance physiologique entre souches différentes par leurs métabolismes respectifs, il y a tendance à une transmission plus rapide des gènes favorables aux souches les plus étroitement apparentées. Ceci est réalisé chez une partie des bactéries, avec des plasmides de conjugaison qui ont un large spectre d'échanges ou chez l'écrasante majorité d'entre elles avec les phages communs qui en maintiennent des liens étroits surtout entre souches apparentées. Parfois la transformation ou la transduction joue un rôle car elles s'effectuent plus facilement entre de telles souches.

Lorsqu'il s'agit de souches très différentes, la conjugaison peut souvent transmettre directement des gènes surtout chez les bactéries à Gram négatif. Le plus souvent, le transfert nécessite quelques souches intermédiaires même pour la conjugaison, encore plus pour le transfert basé sur l'intervention des phages.

Rôle possible d'autres
molécules de
communication : y a-t-il des
équivalents favorables
aux bactériocines?

On voit que les petits chromosomes ou petits réplicons occupent une place centrale unifiante dans les grandes fonctions de l'entité bactérienne mondiale. En tant que gènes visiteurs entre de nombreuses souches variées ils assurent la majorité des échanges génétiques entre diverses bactéries. La production permanente de phages, par la majorité des souches qui sont lysogènes, est l'équivalent pour l'entité bactérienne mondiale de la production des fleurs par les plantes supérieures ou de celle des spermatozoïdes et des ovules par les animaux. Le «gaspillage» des moyens d'échange de gènes au niveau des souches bactériennes est très justifié, quand on réalise l'importance que ces échanges de gènes ont pour le superorganisme bactérien planétaire. Ceci assure un lien possible pour chaque souche bactérienne, avec l'immense réserve d'informations héréditaires de l'ensemble des bactéries.

En dehors des gènes, il existe des protéines qui jouent un rôle évident mais, à notre connaissance, très limité de molécules de communication entre les bactéries. Nous connaissons, surtout, les bactériocines qui déclenchent chez les bactéries sensibles des phénomènes qui provoquent leur mort. Le message transmis semble donc dépourvu de tout aspect constructif. S'agit-il d'une forme d'agent de limitation de la population? N'est-ce pas plutôt une manifestation dont le caractère excessif, facile à observer, lui doit d'être reconnue? Si des substances similaires aux bactériocines transmettaient un message moins radical et qu'au lieu d'une action létale, l'information était codée pour un arrêt temporaire des activités, une sorte de mise en «hibernation», les bactériocines seraient difficiles à mettre en évidence. Il est donc possible qu'en dehors des bactériocines et des gènes existent chez les bactéries d'autres substances de communication dont l'action est plus discrète.

Gènes, bactériocines et, probablement, d'autres substances qui restent à découvrir permettent donc aux bactéries de communiquer à leur façon, d'avoir accès selon un mode sélectif à des informations. C'est l'équivalent, pour le monde bactérien, pris comme une entité, du système endocrinien, voire du système nerveux de l'homme et des animaux supérieurs. L'analogie va encore plus loin. L'ensemble bactérien possède un véritable cerveau inconscient, ou ordinateur biologique.

Un ordinateur biologique

Le monde bactérien comme l'ordinateur électronique dispose d'une masse énorme d'information : tous les gènes bactériens dans le cas de l'entité bactérienne. Les deux disposent, également, d'un mécanisme leur permettant de choisir la réponse exacte. Le choix est effectué, chez les bactéries, par des sélections subclonales qui amplifient le nombre des gènes favorables et les déplacent le long des circuits des échanges génétiques vers les souches qui ont besoin d'une telle information. Cet ordinateur biologique est plus perfectionné que le cerveau de tout animal et évoque davantage l'intelligence humaine.

Cette comparaison peut se faire également avec deux autres propriétés ou fonctions supérieures de l'homme. Celui-ci emploie des outils à tour de rôle, sans les porter toujours sur lui. Les bactéries portent, temporairement, de petits réplicons contenant des outils typiquement bactériens : les gènes codant pour certaines enzymes. Ces petits réplicons peuvent être facilement changés pour d'autres, si les circonstances favorisent les bactéries avec d'autres gènes visiteurs contenus dans d'autres plasmides ou prophages. L'autre caractère « humain » : les gènes favorables qui apparaissent dans une bactérie, le plus souvent par l'insertion d'un prophage ou d'un plasmide seront transmis non seulement aux descendants de cette cellule mais aussi horizontalement aux souches voisines, par échange génétique. La bonne information suit une double voie, comme les améliorations techniques de l'espèce humaine qui se transmettent non seulement aux enfants mais également aux voisins, ce qui a rendu possible, pour l'humanité, une évolution technique accélérée.

3. Manifestation connue des fonctions supérieures du monde bactérien En plus des épisodes de réarrangements profonds que nous avons mentionnés comme très probables au chapitre de l'évolution bactérienne, nous avons eu, au cours des dernières années, des preuves absolues de manifestations dans la nature des capacités supérieures des bactéries, comportant une participation de nombreuses souches différentes et se répétant dans plusieurs grandes régions de la Terre.

Le cas le plus connu est celui de l'acquisition de la résistance aux divers antibiotiques, à l'un, puis à l'autre et cela dans cinq, six grandes régions géographiques de notre globe.

Au début, la très grande majorité des bactéries pathogènes à Gram positif et plusieurs bactéries à Gram négatif ne présentaient aucune résistance à la pénicilline. Nous savons aujourd'hui que surtout grâce à la transduction chez les Gram positifs, l'emploi étendu de la pénicilline a provoqué la mobilisation des quelques gènes de résistance à la pénicilline présents probablement dans des bactéries du sol et qui, par les circuits des échanges de phages tempérés, sont arrivés jusqu'aux staphylocoques des hôpitaux, les plus exposés à des concentrations de pénicilline. Comme pour beaucoup d'autres antibiotiques, la beauté de la solution trouvée involontairement mais à coup sûr par la communauté bactérienne est le fait que le gène qui se rend infailliblement chez les souches qui subissent constamment l'action d'un antibiotique porte la formule qui leur permet de synthétiser l'enzyme qui peut *digérer* spécifiquement l'antibiotique en cause.

Ce phénomène s'est répété pour divers antibiotiques découverts et appliqués à plusieurs années d'intervalle comme nous l'avons déjà dit. Chez les bactéries à Gram négatif le phénomène a été accéléré par des plasmides de conjugaison, appelés plasmides R. Une espèce d'eucaryotes ayant besoin d'une enzyme spécifique similaire aurait mis environ un million d'années pour la synthétiser, par le jeu du hasard. Grâce à leur réserve immense de gènes de toutes sortes et au mécanisme infaillible de sélection, d'amplification et de déplacements de tels gènes, toutes les fois que c'était nécessaire, les bactéries ont pu offrir presque toujours aux souches pathogènes les moyens spécifiques de se défendre. Le fait que l'agent de la syphilis soit encore sensible à la pénicilline prouve, peut-être, que ce vieux parasite a perdu la capacité d'échanger des gènes avec d'autres bactéries, donc qu'il est une bactérie profondément diminuée dans ses capacités et ne bénéficiant pas des fonctions supérieures du monde bactérien. Des phénomènes similaires à l'acquisition de la résistance aux antibiotiques se sont produits chez les bactéries du sol. L'épandage de nombreuses substances pesticides ou fertilisantes ont eu souvent un effet antibactérien. Par le même mécanisme d'ordinateur biologique, les bactéries des endroits exposés constamment à de tels produits ont reçu le ou les gènes qui leur offraient la formule convenable pour synthétiser exactement l'enzyme qui pouvait décomposer, voire digérer les substances en cause.

Ces réponses inéluctables à l'application massive d'antibiotiques en médecine humaine ou vétérinaire et surtout dans les élevages d'animaux, ainsi qu'à celle des produits agricoles, prouvent que l'ordinateur biologique du monde bactérien n'est pas une vue de l'esprit mais une réalité qui se manifeste d'une façon qui touche notre vie de façon importante.

> Conséquences heureuses
> pour la biosphère.
> Participation décisive
> à l'écologie

4.   Place des fonctions bactériennes supérieures dans la biosphère

Nous avons vu que les bactéries en se diversifiant et en restant en concurrence permanente ont fini par tirer profit de toute niche écologique. Toutes les possibilités de vie procaryote ont été réalisées, car le monde bactérien a épousé, par ses innombrables variétés de cellules, toutes les situations le moindrement favorables à la vie de certaines de ses cellules. Nous avons vu qu'après une si longue évolution qui était en même temps un développement, véritable embryogénèse d'une durée de milliards d'années, l'entité bactérienne a atteint l'âge adulte, en ayant synthétisé tous les gènes possibles et nécessaires à ces diverses cellules. Par les fonctions bactériennes supérieures décrites plus haut, cet ensemble est en mesure d'effectuer en permanence tous les réarrangements nécessaires de cellules, de petits réplicons et de gènes qui permettent au plus grand nombre de bactéries de se multiplier. La résultante est une amplification et une accélération des cycles de la matière vivante en général, les eucaryotes inclus. Avec ces derniers, il s'est formé comme une symbiose de très haut niveau, à laquelle les fonctions supérieures bactériennes offrent par leur dynamisme inépuisable une capacité de correction et d'adaptation qui maintient l'ensemble biologique dans un état optimal.

Bibliographie

1. DRAPEAU, A. J. et S. JANKOVIC (1977) : *Manuel de microbiologie de l'environnement*, Genève, Organisation mondiale de la santé, 251 p. Surtout les chapitres 14, « Microbiologie des lits bactériens », p. 158-171 ; 15, « Microbiologie du procédé de la boue activée », p. 173-175 ; 16, « Microbiologie des procédés en système clos », p. 176-178 ; 17, « Microbiologie de la digestion aérobie des boues », p. 179-182 ; 18, « Microbiologie de la digestion aérobie », p. 183-190.
2. DUBOS, R. J. (1973) : *Une théologie de la terre. Les dieux de l'écologie*, Paris, Fayard, 229 p., surtout p. 11-24.
3. GORET, P. et L. JOUBERT (1949) : « Le sol, être vivant méconnu », *Rev. Méd. Vét.*, **100** : 594-598.
4. LECLERC, H., R. BUTTIAUX, J. GUILLAUME et P. WATTRE (1977) : « Microbiologie du sol », dans *Microbiologie appliquée*, Paris, Doin, 277 p, surtout p. 79-83.
5. MARGULIS, L. et J. E. LOVELOCK (1974) : « Biological Modulation of the Earth's Atmosphere », *Icarus*, **21** : 471-489.
6. PELCZAR, M. J., M. D. REID et E.C.S. CHAN (1977) : *Microbiology*, éd., Montréal, McGraw-Hill Book.
7. PRÉVOT, A. R. (1977) : « Cellulolyse : 130 », dans *Bactériologie, Notions élémentaires*, Paris, Le biologiste P.V.F.
8. REANNEY et C. K. Teh (1976) : « Mapping Patways of Possible Phage-mediated Genetic Interchange among Soil Bacilli », *Soil Biol. Biochem.*, **9** : 305-311.
9. SENEZ, J. C. (1968) : *Microbiologie générale*, Paris, Doin, Deren et Cie, 592 p., surtout : « 4e Répartition écologique des microorganismes participant au cycle écologique de l'azote », p. 413-414. D, « Bactéries sulfo-oxydantes », p. 413-424 ; E, « Bactéries sulfato-réductrices », p. 424-431 ; F, « Chimio-autotrophie et assimilation de CO_2 », p. 431-437 ; IX, « Les bactéries photosynthétiques », p. 440-473.

La coordination et la régulation VII

A Généralités

Il s'agit d'un aspect de la bactériologie qui a été sérieusement sous-estimé. La très grande majorité des biologistes se sont laissés influencer par le fait que les bactéries sont unicellulaires et la plupart douées d'une grande autonomie, pour croire que tous les phénomènes de coordination et de régulation chez les procaryotes s'effectuent exclusivement au niveau cellulaire. Les biologistes admettent des animaux sociaux, surtout les insectes sociaux, mais n'ont pas encore envisagé la notion de microorganismes sociaux. Nous avons déjà souligné le fait que, pourtant, à côté des actions individuelles des souches bactériennes, il y a eu reconnaissance de certaines équipes de souches dans lesquelles il y a une véritable division de travail entre divers types de bactéries. Nous avons récemment montré également que l'ensemble du monde bactérien, ou au moins des fractions très importantes de ce monde, se comporte comme un superorganisme qui manifeste une forte solidarité et qui réalise de véritables fonctions supérieures, allant jusqu'à celles d'un immense ordinateur biologique.

En réalité la coordination et la régulation deviennent de plus en plus complexes, efficaces et harmonieuses à mesure qu'elles passent du niveau d'une souche bactérienne à celui d'une équipe et ensuite à celui du superorganisme bactérien planétaire.

B Coordination et régulation au niveau cellulaire

À l'intérieur de la cellule bactérienne, il existe une excellente coordination entre la chaîne métabolique d'obtention et de transport de l'énergie et celles qui assurent la biosynthèse des divers produits nécessaires. Cette coordination se fait également en tenant compte de la concentration des substances nutritives qui se trouvent à l'extérieur de la cellule, dans son voisinage immédiat.

La régulation la plus prompte et qui épouse de plus près les besoins immédiats se fait par modification de l'activité des enzymes déjà synthétisées. L'inhibition de l'activité de nombreuses enzymes par l'accumulation du produit final de la chaîne métabolique respective est l'exemple le mieux connu. Dès que la cellule épuise le produit final inhibiteur, l'enzyme qui était inhibée recommence son activité. On voit que ce mécanisme, en plus d'être rapide et parfaitement dosé, est aussi entièrement et promptement réversible.

La régulation qui se fait par inhibition ou par stimulation de la synthèse d'une enzyme s'effectue au niveau de la transcription et est réalisée grâce à des gènes de régulation qui se trouvent dans le voisinage des gènes qu'ils contrôlent et qui codent pour les enzymes d'une chaîne métabolique. Cet ensemble constitue le plus souvent un opéron, série de gènes dont la transcription est réprimée par un répresseur, protéine synthétisée par un gène de régulation.

Ce répresseur réprime la série de gènes si le produit final est présent. Comme l'ARN messager a une vie d'à peine quelques minutes chez les bactéries, on voit que dans ce cas la régulation se fait exclusivement au niveau de la transcription car les quantités d'enzymes synthétisées dépendent directement du nombre d'ARN messagers transcrits. Dans le cas de l'induction enzymatique, le plus souvent une source de carbone présente dans le voisinage immédiat de la cellule bactérienne fait déréprimer le gène codant pour l'enzyme qui peut commencer le catabolisme de cette substance. Quand il y a plusieurs substances à l'extérieur de la cellule qui peuvent assurer des sources d'énergie, ses mécanismes de coordination lui permettent, d'habitude, de cataboliser exclusivement la source d'énergie la plus favorable, pendant qu'elle est présente, et ne passe à une source d'énergie qui l'est un peu moins qu'après la disparition de la première. La régulation qui se fait au niveau de la transcription est moins prompte que celle qui agit sur le degré d'activité d'une enzyme déjà synthétisée. Une enzyme, une fois synthétisée, reste présente après l'arrêt de sa synthèse. En réalité, les deux mécanismes de coordination se supportent réciproquement. Par exemple, en présence d'un excès du produit final de la série d'enzymes codées par un opéron la synthèse de toutes ces enzymes est inhibée et en même temps l'activité de la toute première enzyme de la série est inhibée. Toute la lumière est faite sur ces mécanismes et, à de rares exceptions près, sur tous leurs détails.

La synthèse des ARN stables (ribosomaux et de transfert) s'effectue également de façon ordonnée, en fonction des substances nutritives disponibles et de la croissance de la cellule. Cependant les mécanismes qui assurent cette coordination sont encore inconnus. De la même façon nous ne connaissons pas comment se fait l'excellente synchronisation de la synthèse de l'ADN du grand réplicon et les séquences de la division de la cellule bactérienne. Il existe de rares occasions où ces deux phénomènes sont moins bien coordonnés, ce qui produit une croissance déséquilibrée.

Comme nous l'avons indiqué plus haut, la synthèse de la paroi cellulaire se fait d'une façon qui permet l'augmentation de la cellule et ensuite la séparation des cellules filles, sans que pendant les remplacements et les insertions de ces éléments, il y ait formation de trous dans cette enveloppe résistante qui protège les cellules bactériennes contre la lyse osmotique dans un milieu qui est d'habitude hypotonique.

C Coordination et régulation au niveau des équipes de bactéries

Les équipes comportant plusieurs types de bactéries, avec une véritable division du travail, bénéficient des systèmes de régulation des cellules bactériennes impliquées; à cause du mélange de types de cellules il y a une plus grande variété d'enzymes et plusieurs mécanismes de coordination intracellulaire qui se voisinent et sont influencés par les substances nutritives de leur ambiance commune. Les divers mécanismes complémentaires de souches différentes s'entraident et augmentent la capacité de l'équipe à s'adapter constamment et de façon plus nuancée aux possibilités locales. Le produit final de la chaîne catabolique d'une cellule devient la source d'énergie d'une autre souche et son élimination par certaines cellules constitue une façon de conditionner la multiplication d'une autre souche qui en dépend. L'autonomie de chaque souche est diminuée par cette interdépendance, qui, en échange, favorise l'ensemble.

Quand il s'agit de la décomposition d'un cadavre, il devient évident qu'en plus de l'action synergique des souches présentes, il y a une alternance des formes bactériennes présentes. Successivement, selon les types de molécules libérées, il y a multiplication des souches qui peuvent en bénéficier et qui se font en bonne partie remplacer par d'autres types de bactéries une fois que leur substrat préféré est épuisé. Cette sélection dirigée est un autre mécanisme qui, chez les grandes équipes bactériennes, modifie en même temps la composition et la fréquence des types de bactéries présents. Dans le cas des équipes stabilisées, comme dans le rumen des herbivores et dans les sols, ce mécanisme finit par garder assez stable l'ensemble des bactéries constituantes, malgré des variations cycliques, voire saisonnières. La présence de plusieurs souches sporulées favorise l'alternance des équipes; ces souches sont très actives aussi longtemps que leur substrat est abondant, mais deviennent parfaitement inactives, pourtant présentes sous formes de spores pendant leur période de disette. Il est probable que les substances antibiotiques présentes dans ces milieux, les phages et les bactériocines jouent un certain rôle de régulation pour les grandes équipes bactériennes, surtout dans le sol, mais nous ne connaissons pas encore avec précision le mécanisme de leurs activités générales dans l'équipe.

D   Coordination et régulation au niveau
      de l'ensemble du monde bactérien

1. Généralités   Le biologiste est plutôt porté à considérer les bactéries comme des éléments imprévisibles, facteurs de déséquilibre de la biosphère. En effet, chaque souche est portée à se multiplier sans frein, ce qui cause facilement des explosions de sa population grâce à des conditions favorables qui sont souvent suivies de périodes de disette qui provoquent la diminution d'un grand nombre d'individus. Contrairement à cette crainte de certains esprits peu informés qui s'attendent à ce que notre monde soit la proie d'une bactérie nouvellement modifiée qui ravagerait tout dans son expansion effrénée, l'action générale de toutes les bactéries en est une d'harmonie et de stabilité. Cette action est, en partie, la résultante de l'action continue des diverses souches isolées, ainsi que des équipes bactériennes qui, dans leur propre environnement, utilisent les substrats disponibles au fur et à mesure. Ceci se fait avec un rendement tel, grâce à leur spécialisation à outrance, que des bactéries arrivées d'un autre milieu n'ont d'habitude pas la moindre chance de les prendre à leur propre jeu. Dans les rares cas où une telle souche réussit à s'implanter, elle devient à son tour un élément de stabilité difficile à déloger. De cette façon, il ne se produit pas dans la nature une accumulation de substrats favorables aux bactéries, car ils sont utilisés dès qu'ils sont disponibles. Cette efficacité à toute épreuve des flores bactériennes locales est dûe à la spécialisation extrême des diverses souches qui touche à la perfection. Dans le fonctionnement autonome des souches et des équipes, un groupe de bactéries qui accomplit sa tâche sans faille et le plus rapidement possible n'est pas en danger d'être remplacé, ni d'être modifié par les échanges de gènes car ceux-ci ne peuvent apporter des éléments d'amélioration; la sélection jouera donc contre les bactéries les ayant reçus. Les souches bactériennes qui réussissent bien ne sont pas menacées dans les remous courants du monde bactérien; elles assurent la continuité des formules de développement du monde bactérien et aussi l'équilibre déjà ancien avec les autres êtres vivants.

Les mécanismes propres de coordination et de régulation du superorganisme bactérien mondial supportent, en général, le succès des souches les mieux adaptées, ce qui contribue fortement à la stabilisation de la biosphère. En cas de changement important du milieu, ces mécanismes qui sont à l'échelle de la planète permettent, également, à des souches déjà très bien adaptées d'effectuer le minimum de changements génétiques qui les rendent en mesure de lui faire face. Ces mécanismes généraux empêchent ainsi l'extinction des souches bactériennes surspécialisées qui sont en grande majorité. Les mécanismes qui assurent ces fonctions sont toujours en place et leurs éléments fonctionnent au ralenti même quand nul besoin d'échanges spécifiques de gènes ne se fait sentir. Ils se déclenchent à leur potentiel véritable et sont dirigés vers des solutions logiques aux moments de changements importants et assez prolongés du milieu. C'est dans de telles occasions et dans le cadre d'une vaste région ou de toute la Terre que se justifient les mécanismes d'échange de gènes de chaque cellule bactérienne qui semblent aptes à développer un véritable altruisme génétique.

2. Modes de coordination propres au «superorganismes» bactérien mondial (Importance de l'émission constante de molécules d'information, de leurs récepteurs et rôle permanent de la sélection.) a) C'est d'abord l'offre constante de molécules d'information, en particulier de gènes qui est la résultante des mécanismes de transfert génétique, qui font de chaque cellule une station émettrice et réceptrice d'informations même si au niveau de la cellule individuelle les chances d'échanges utiles sont pratiquement inexistantes pour de très nombreuses générations. Par la très forte concurrence des bactéries dans la nature, celles qui possèdent le gène nécessaire dans une condition nouvelle seront favorisées pour la multiplication et la diffusion. Un tel gène sera reçu favorablement par d'autres souches qui à leur tour favoriseront son transfert plus loin. Ce déplacement des gènes utiles, toujours présents quelque part dans le monde bactérien, vers les souches qui en ont besoin, est une façon beaucoup plus économique de coordonner le fonctionnement de l'ensemble du monde bactérien que serait celui de subir toujours des renversements de l'équilibre des populations, voire la disparition des souches très spécialisées. *Au lieu d'un éternel recommencement, il y a un éternel perfectionnement des meilleures réussites*. En réalité, le plus souvent, la coordination se fait par le déplacement des petits réplicons (prophages et plasmides) qui suivent les nombreux circuits possibles d'échanges de gènes entre les innombrables souches de la nature. La résultante finale est une redistribution optimale discrète et permanente des enzymes bactériennes qui épousent ainsi de près les substrats disponibles. Le gaspillage apparent en phages inutiles, en récepteurs de surface non utilisés, en bactéries détruites par lyse bactérienne peut pénaliser une minorité des bactéries mais les mécanismes en cause sauvent l'ensemble bactérien et le maintiennent à un degré très poussé de perfectionnement. Les bactéries se révèlent ainsi des microorganismes sociaux, comme les abeilles qui sont des insectes sociaux chez lesquels l'action de piquer des ennemis possibles pénalise un sujet mais contribue à la protection de sa société.

Nous retrouvons ces mêmes mécanismes d'ensemble du monde bactérien qui ont assuré son évolution, ainsi que sa différenciation de type original. La phylogénie, l'ontogénie et la coordination sont des facettes du même phénomène général chez le superorganisme bactérien mondial.

On peut remarquer que ceci se fait par la redistribution des gènes bactériens entre les diverses souches quand cela devient nécessaire et la sélection permanente en est le moteur. Le mécanisme général consiste donc en une modification localisée au niveau de la cellule avant la transcription. Chez les eucaryotes supérieurs, les phénomènes de coordination et de régulation se font surtout par des changements post-transcriptionnels. Les deux sortes de « superorganismes » évitent ainsi que la majorité des activités de la solution ait lieu lors de la transcription. Cette dernière formule demanderait trop de gènes réprimés et surtout trop de gènes de régulation. Évidemment, la solution générale des mécanismes biologiques des bactéries est la plus économique, avec des moyens limités mais d'une efficacité à toute épreuve.

b) Une véritable symbiose s'établit et se maintient avec tous les êtres vivants que voisinent les bactéries. Les souches et surtout les équipes bactériennes voisines s'adaptent les unes aux autres par les mêmes mécanismes de régulation et finissent par offrir une meilleure coordination. Avec les eucaryotes, les métabolismes bactériens sont souvent complémentaires, comme dans le tube digestif de tous les animaux. Nous avons mentionné, également, le rôle décisif de fertilisation du sol de la flore bactérienne. Ce sont les bactéries qui constituent l'élément le plus adaptable, le plus souple et surtout le plus actif dans les relations avec les eucaryotes. Leur capacité d'épouser de très près les réalités d'un milieu offre une garantie de succès à la stabilité de la biosphère. Les bactéries ont devancé les eucaryotes sur la Terre d'environ 1 500 millions d'années. À ce moment leur ensemble avait trouvé un équilibre basé sur la survie depuis de très longues périodes des souches les mieux adaptées, qui, de ce fait, avaient de meilleures chances de se maintenir. C'est le même milieu ainsi tamponné biologiquement qui a permis l'apparition des eucaryotes, à partir de la symbiose de certaines souches bactériennes qui ont ainsi encore mieux réussi. Le développement du monde vivant présent est le résultat du développement de la symbiose initiale avec ses nombreuses conséquences. Il n'est pas surprenant qu'on ait proposé de considérer dans l'hypothèse Gaea tout l'ensemble de la biosphère comme un seul superorganisme. D'après les auteurs de cette hypothèse, le milieu extérieur de toute la

Terre serait modifié et maintenu favorable à la vie de la même façon que les êtres vivants façonnent l'intérieur de chaque cellule.

Bibliographie

1. ABERCROMBIE, M. (1967) : « General Review of the Nature of Differentiation », dans A.V.S. de Reuck et J. Knight, édit., Cell Differentiation, Londres, Cambridge University Press.

2. BACKMANN, J., O. B., GOIN et C. J. GOIN (1972) : « Nuclear DNA Amounts in Vertebrates », dans H. H. Smith, édit., Evolution of Genetic Systems.

3. BARKSDALE, L. (1959) : « Symposium on the Biology of Cells Modified by Viruses or Antigens », Bacteriol. Rev., 23 : 202-228.

4. BOYER, H. W. (1971) : « DNA Restriction and Modification Mechanisms in Bacteria », Ann. Rev. Microbiol, 25 : 153-176.

5. COLD SRING HARBOR SYMPOSIA ON QUANTITATIVE BIOLOGY (1961) : vol. 26 : Cellular Regulatory Mechanisms; Vol. 28 : An Quantitative Biology, New York, Cold Spring Harbor.

6. GORET, P. et L. JOUBERT (1949) : « Le sol, être vivant méconnu », Rev. Med. Vet., 100 : 594-595.

7. GUNSALUS, I. C., M. HERMANN, W. S. TOSCANO Jr., D. KATZ et G. K. GARY (1975) : « Plasmids and Metabolic Diversity », dans D. Schlessinger, édit., Microbiology-1974, Washington, American Soc. for Microbiol.

8. JACOB, R. and J. MONOD (1963) : « Elements of Regulatory Circuits in Bacteria », dans R.J.C. Harris, édit., Biological Organization at the Cellular and Supercellular Level, New York, N. Y., Academic Press.

9. JACOB, R. et J. MONOD (1961) : « Genetic Regulatory Mechanism in the Synthesis of Proteins », J. Mol. Biol., 3 : 318-324.

10. LEDOUX, L. (1971) : Informative Molecules in Biological Systems, New York, N.Y., Elsevier-North Holland publishing Co.

11. LEONARD, C. G. (1972) : « Purification and Properties of Streptococcal Competence Factor Isolated from Chemically Defined Medium », J. Bacteriol., 110 : 273-280.

12. MAALE, O., N. KJELDGAARD (1965) : Control of Macromolecular Synthesis, New York, N.Y., Benjamin, Co., Inc.

13. MARGULIS, L. et J. E. LOVELOCK (1974) : « Biological Modulation of the Earth's Atmosphere », Icarus, 21 : 471-489.

14. MONOD, J., J. CHANGEUX et F. JACOB (1963) : « Allosteric Proteins and Cellular Control Systems », J. Mol. Biol., 6 : 306.

15. RICHMOND, M. H. (1970) : « Plasmids and Chromosomes in Prokaryotic Cells », dans H. P. Charles et B.C.J.G. Knight, édit., Organization and Control in Prokaryotic and Eukaryotic Cells, Cambridge, Cambridge University Press.

16. SONEA, S. (1971) : « A Tentative Unifying View of Bacteria », Rev. Can. Biol., 30 : 239-244.

17. SONEA, S. et M. PANISSET (1976) : « Pour une nouvelle bactériologie », *Rev. Can. Biol.*, **35** : 103-167.
18. STANIER, R. Y. et E. A. ADERBERG (1976) : *The Microbial World*,
Englewood Cliffs, N.Y., Prentice-Hall Inc.
19. WILSON, E. O. (1976) : *Sociobiology : The New Synthesis*, Cambridge, Mass., Harvard University Press.

Relations entre   VIII
les bactéries et l'humanité

Nous avons vu que l'apparition, la survie et l'épanouissement des eucaryotes sont liés à la présence et aux activités des bactéries.

Avant tout, il est très probable que les ancêtres des eucaryotes ont été des bactéries qui ont fini par s'associer, dans une symbiose, à l'origine de la première cellule nucléée dont nous dérivons en fin de compte.

L'action des bactéries photosynthétiques a provoqué l'accumulation d'oxygène libre dans l'atmosphère et a permis aux eucaryotes d'apparaître et aux plantes supérieures de contribuer à leur tour d'une façon importante, à la photosynthèse grâce aux chloroplastes descendants des cyanobactéries. D'autre part, la fertilité des sols est assurée par les bactéries, ce qui permet la production abondante des végétaux qui assure de façon ultime la nutrition de tous les animaux, l'homme y compris.

Les rapports des bactéries avec l'humanité paléolithique ont été les mêmes qu'avec les autres mammifères. L'homme bénéficiait des activités générales des bactéries et, de temps en temps, il subissait les conséquences défavorables des activités des quelques bactéries pathogènes ainsi que de celles qui dégradaient les aliments qu'il essayait de conserver. Il est probable que, pendant cette période de quelques centaines de milliers d'années, bon nombre de bactéries de la flore normale de la peau et du tube digestif, communes à plusieurs primates supérieurs, se sont modifiées progressivement chez l'homme et c'est à partir de cette flore que de nombreuses bactéries ont développé une pathogénicité réservée strictement à cette espèce. Certaines autres bactéries qui étaient déjà pathogènes pour divers primates le sont restées, également, pour les humains. Il va sans dire que nos lointains ancêtres ignoraient tout du monde bactérien pendant la longue période paléolithique. Tout au plus, de façon empirique, ils ont probablement découvert quelques façons de conserver leurs aliments notamment par la dessiccation des viandes.

A   Situation depuis les débuts de
    l'agriculture jusqu'à la découverte des bactéries

Dès le début du néolithique, l'espèce humaine a beaucoup augmenté en nombre et elle a peu à peu transformé les étendues potentiellement fertiles en champs cultivés ou en pâturages. La domestication de quelques espèces animales a progressivement ajouté à la remarquable variété des grands animaux sauvages et les a finalement remplacés comme source de protéine. Les agglomérations d'animaux domestiques et d'humains dans des villages et, plus tard, dans des villes ont créé des problèmes de pollution : accumulation de déchets, contamination des eaux. Comme nous l'avons déjà vu, les bactéries du sol et des eaux ont toujours contribué à résoudre ces problèmes. Depuis environ trois mille ans, la majorité des terres fertiles de notre planète est cultivée. Les bactéries se sont adaptées sans difficulté à ces changements. Elles assurent toujours la fertilité des sols, la décomposition de la matière organique morte, l'épuration naturelle des déchets et des eaux. La flore intestinale des animaux domestiques et celle des humains ont suivi de près l'augmentation très forte du nombre de ces éleveurs et de leurs animaux. Il est probable que le développement de l'élevage a favorisé des échanges bactériens des flores normales et de quelques bactéries pathogènes, entre les animaux domestiques et les humains. Ces derniers se sont familiarisés avec des manifestations de certaines activités bactériennes : les infections, en particulier les maladies très contagieuses ont même inspiré depuis très longtemps des moyens efficaces de défense par l'isolement des sujets malades. Les techniques de conservation des aliments se sont améliorées sans savoir qu'on empêchait ainsi la multiplication des bactéries. Des habitudes culturelles et des rites religieux ont favorisé certaines populations en les protégeant contre des contaminations par des bactéries pathogènes : la préparation du thé, du vin, de la bière, la cuisson des aliments, le lavage des mains avant les repas, les bains rituels, la propreté et l'élimination des ordures ainsi que la dessiccation de la viande et sa salaison. La découverte par Chevalier-Appert de la méthode de conservation des aliments par chauffage en récipients clos est un exemple du progrès empirique, bien antérieur à la notion même de phénomènes bactériens.

B Conséquences de l'industrialisation et
des progrès scientifiques, en particulier
des progrès en bactériologie

L'industrialisation a augmenté de beaucoup la productivité des sociétés humaines. Les progrès de la médecine, en particulier en ce qui concerne les luttes contre les
maladies infectieuses, se sont ajoutés aux possibilités
accrues de production et ont causé, ensemble, l'explosion
démographique qui a décuplé la population humaine de
la planète au cours des deux derniers siècles, bond
démographique sans précédent dans le passé de l'humanité. Les villes contiennent cent fois plus de population
qu'il y a un siècle. Malgré ces concentrations démogra-
phiques favorables naguère à l'apparition d'épidémies, il y
a moins de bactéries pathogènes pour l'homme grâce à
ces moyens même de la médecine et de l'hygiène. L'élevage des animaux domestiques, en particulier, de ceux
qui sont directement destinés à l'alimentation humaine a
pris des allures industrielles avec la multiplication d'énor-
mes agglomérations animales. La pratique d'introduire des
antibiotiques à large spectre d'action dans leur alimentation a contribué largement à l'apparition précoce de résistances aux antibiotiques, surtout de bactéries intestinales.
Cependant, les bactéries pathogènes pour les mammifères n'ont jamais représenté qu'une infime minorité du
monde bactérien des parasites qui se sont détachés de
l'ensemble des grands courants d'échanges d'information
de la grande masse des autres bactéries. Les souches strictement pathogènes et adaptées exclusivement à l'intimité
des tissus animaux semblent avoir perdu en totalité ou en
bonne partie la capacité de « communiquer » avec l'ensemble bactérien. Du fait même elles n'ont pas acquis en
général une résistance aux antibiotiques. Pour les bactéries pathogènes de l'intestin et de la peau qui ont acquis
facilement une résistance aux antibiotiques par échange
de gènes et par sélection à la façon d'un ordinateur, cette
résistance peut être combattue par l'augmentation de la
variété des antibiotiques et du changement brusque des
agents utilisés selon une priorité bien établie. En effet, une
cellule bactérienne ne peut posséder sans risque plus de
cinq gènes de résistance à cinq antibiotiques. L'ordinateur
biologique des bactéries prend de quelques mois à quelques années pour faire face à l'emploi d'un nouvel anti-

biotique dans une région donnée. Nous, les humains, pouvons agir plus vite!

Au cours des dernières décennies, l'humanité a commencé à domestiquer des bactéries. Des progrès se sont produits également dans l'industrie pour la production de certains produits biologiques. Avec les possibilités infinies d'amélioration voire même de «création» de nouvelles souches à mission biologique précise, réalisables grâce aux progrès de la génétique bactérienne, la microbiologie industrielle a un grand avenir. D'autre part, la recherche biologique emploie beaucoup les bactéries comme modèles expérimentaux. Un autre espoir, à plus long terme, est celui de pouvoir corriger et plus tard encore d'améliorer le bagage génétique humain grâce à des «manipulations génétiques» qui se réaliseront surtout à l'aide des bactéries et grâce à l'usage dans l'avenir des ordinateurs.

C Activités humaines réservant un rôle particulier à la bactériologie

1. La médecine humaine et vétérinaire. La pathologie des plantes Nous avons vu que, du point de vue historique, ce sont ces domaines qui, grâce aux découvertes de Pasteur, ont connu les premiers grands succès à retentissement mondial. Ce sont, d'ailleurs, ces progrès réalisés contre les microbes pathogènes qui ont le plus influencé le sort de l'humanité. La durée moyenne de la vie a été prolongée d'une trentaine d'années. La population a atteint, du fait même, des nombres très élevés. Les grandes épidémies d'origine bactérienne et les maladies contagieuses bactériennes courantes ont été éliminées. Ceci a permis aux jeunes adultes d'avoir, contrairement au passé, un taux de mortalité plus bas au cours de leur période de grande productivité.

Toutes les mesures préventives : vaccination, contrôle sanitaire des voyageurs, contrôle sanitaire des eaux et des aliments, ainsi que le traitement efficace des infections cliniques créent contre les maladies infectieuses bactériennes graves un barrage efficace mais qui doit être entretenu avec vigilance et en permanence. Par l'élimination des grands agents pathogènes parmi les bactéries, la civilisation a provoqué également l'apparition d'infections par des bactéries opportunistes, problème beaucoup moins grave mais causant des maladies de type nouveau, difficile encore à combattre.

En médecine vétérinaire les progrès ont été effectués en même temps qu'en médecine humaine, contre les maladies infectieuses d'origine bactérienne. Il y a de nombreuses bactéries pathogènes qui s'attaquent autant aux humains qu'aux animaux, cependant les manifestations cliniques sont très souvent différentes d'une espèce à l'autre. D'autres bactéries s'attaquent exclusivement à certaines espèces. Avec l'industrialisation de l'agriculture, des bactéries opportunistes sont apparues également chez les animaux domestiques, comme causes nouvelles d'infections. Dans les infections des vertébrés à sang froid (reptiles, batraciens et poissons) les bactéries pathogènes sont moins bien connues et chez les animaux invertébrés les lacunes dans nos connaissances sont très étendues.

Même si les plantes ne disposent pas d'une défense du type immunitaire, elles résistent assez bien aux infections bactériennes avec quelques rares exceptions. Dernièrement, on a souligné le rôle assez important de plusieurs types de mycoplasmes pathogènes chez les plantes. Autrement les plantes semblent plus sensibles aux infections virales et mycotiques (fungiques, donc par champignons) qu'aux infections bactériennes.

2. L'agriculture, l'épuration des eaux usées, l'écologie

Dans ce grand secteur d'activité, les bactéries impliquées sont surtout celles du sol. Nous avons vu que dans des conditions naturelles, elles minéralisent les déchets organiques et qu'elles fixent l'azote, deux activités qui permettent aux plantes de se développer. Les agronomes et les agriculteurs essayent de mettre à profit ces activités bactériennes dans les diverses circonstances pour augmenter le rendement des terres. On espère pouvoir transmettre les gènes responsables de la fixation de l'azote atmosphérique à des bactéries courantes du sol ou même, directement, à des plantes. Plusieurs bactéries des grandes équipes du sol contribuent à la purification des déchets, égouts, eaux usées, ainsi qu'au maintien d'un équilibre favorable à la vie dans les cours d'eau, dans les lacs et dans les mers et océans. Il y a des méthodes de contrôle qui permettent aux écologistes et aux hygiénistes de s'apercevoir que l'équilibre biologique est rompu et que des mesures d'amélioration s'imposent.

Plusieurs techniques pour la conservation des produits agricoles ont été mises au point ou améliorées grâce aux connaissances sur les microorganismes et sur les bactéries en particulier. La satisfaction des besoins alimentaires d'une population mondiale en croissance exponentielle a suscité d'intenses recherches sur l'utilisation d'agents microbiens comme agents de transformation de composés naturels industriels en substances alimentaires. La crise de l'énergie, d'autre part, a ravivé l'intérêt des milieux scientifiques et des spécialistes de la protection de l'environnement au harnachement pourrait-on dire des bactéries productrices de méthane, à partir de déchets urbains ou agricoles. Certaines réalisations ont montré qu'une telle exploitation est possible.

3. Industrie Plusieurs secteurs de l'industrie qui utilisent et transforment du matériel organique font appel aux connaissances et aux techniques de la bactériologie. Pour éviter des activités bactériennes néfastes, on peut éliminer toute trace de vie dans des récipients fermés grâce aux techniques de stérilisation par chaleur ou irradiation. On peut se contenter d'éviter certaines activités bactériennes et on emploie la pasteurisation pour des produits alimentaires liquides et surtout les activités bactériostatiques du froid, de la dessiccation, de l'augmentation de la pression osmotique par la salaison pour conserver les aliments dans l'industrie alimentaire.

L'industrie pharmaceutique s'intéresse à la préparation de plusieurs antibiotiques et d'autres produits biologiques à l'aide de souches bactériennes spécifiques. On espère parvenir d'ailleurs à obtenir des substances actives de notre corps par manipulation génétique, à l'aide de bactéries banales ayant acquis le gène humain respectif; c'est le cas de l'insuline et de l'interféron et probablement de plusieurs hormones peptidiques. Déjà certaines enzymes d'utilisation courante comme pour la préparation des fromages s'obtiennent plus facilement à l'aide des bactéries qu'à partir des animaux domestiques.

Il y a un espoir assez justifié d'obtenir dans l'avenir prochain des grandes masses de bactéries en vue de l'alimentation et même comme source d'énergie. Il y a déjà plusieurs procédés industriels pour obtenir par fermentation bactérienne des produits dont la production est trop coûteuse par d'autres méthodes.

En connaissant les possibilités infinies de déplacer des gènes d'une souche bactérienne à une autre, il est évident qu'il y a un avenir très grand dans la domestication de souches bactériennes modifiées pour les futurs besoins de certaines industries.

4. Recherche   En plus des recherches appliquées destinées au progrès dans les trois domaines d'activités précédents, les bactéries servent beaucoup dans la recherche fondamentale en biologie.

D'une part, en tant que cellules autonomes faciles à cultiver en culture pure, certaines bactéries ont servi d'« animal » d'expérience idéal pour trouver des réponses à des sujets d'un intérêt cellulaire ou biochimique général. *Escherichia coli, Salmonella typhimurium* et *Bacillus subtilis* ainsi que leurs petits réplicons (prophages, phages virulents et plasmides) ont rempli ce rôle pour la plupart des recherches en biologie moléculaire. Une fois qu'un investissement accumulé d'efforts nous a fait connaître ces bactéries mieux que d'autres, il est devenu de plus en plus profitable de partir des données déjà acquises et d'en chercher d'autres sur les mêmes souches.

Quant aux équipes bactériennes, des études ont été faites dans le domaine appliqué à l'activité humaine qui les concernait. Peu d'études ont porté sur les mécanismes généraux de fonctionnement des équipes bactériennes, encore moins en ce qui concerne les propriétés générales du superorganisme bactérien planétaire. Il reste à découvrir d'autres méthodes d'échange de molécules d'information entre les bactéries. Il faut approfondir l'étude des conditions dans lesquelles se font ces échanges et surtout d'établir les principales voies de communication entre les grands groupes bactériens (comme entre Mycoplasme, méthanogènes, photosynthétique, bactéries « supérieures » et les bactéries les plus courantes). Y a-t-il des sous-centrales de l'ordinateur biologique de toutes les bactéries, avec certaines voies de communication par des souches intermédiaires?

La notion d'une société unitaire des bactéries avec tout ce que ceci comporte de possibilités sans équivalent chez les autres êtres vivants n'est encore ni claire, ni acceptable pour la plupart des biologistes. Il est pourtant très probable que dans vingt-cinq à trente ans il y aura

moyen, à l'aide de la plasticité de tout le matériel génétique bactérien de commencer à corriger des défauts
génétiques chez les humains en transférant à quelques
cellules de leur corps des gènes correctifs obtenus d'autres
personnes en bonne santé. Dans un avenir beaucoup plus
éloigné, il sera peut-être possible de rendre l'évolution
humaine réversible ou, même, de la diriger favorablement, toujours à la suite des progrès de la génétique des
bactéries.

Bibliographie

1. SONEA, S. et Maurice PANISSET (1978) : « L'évolution des infections
   bactériennes et la solidarité génétique des bactéries », *Médecine
   et Hygiène*, **36** : 2074-2081.
2. SORMANY, P. (1978) : « Le marché commun des bactéries. Loin de
   jouir de leur merveilleuse liberté d'unicellulaires, les bactéries
   constitueraient un immense organisme planétaire », *Québec-
   Sciences*, **17** : 21-25.

Table des matières

Figures

Achevé d'imprimer à Montmagny par les travailleurs des Éditions Marquis Ltée en août 1980